データ分析失敗事例集

失敗から学び、成功を手にする

Data Analytics Nightmare

尾花山和哉・株式会社ホクソエム 編

共立出版

はじめに

本書には、きらびやかな体験談も、成功のための秘訣も書かれていない。それでも、読者には大いに学びになる一冊であると確信している。それは、本書が現代のビジネスにおける「読み書きそろばん」と言っても過言ではない「データの活用」における失敗を避ける一助となるからである。

１９９０年代から始まったインターネットの普及以降、計算機の性能向上、モバイル端末やＩｏＴの登場などにより、ビジネスで蓄積されるデータは増え続けている。２０１０年代に入ると、「ビッグデータ」や「データサイエンティスト」という言葉が様々なビジネス書に登場するようになり、データの活用は多くの企業にとって重要な関心事となった。

編者が経営コンサルタントとして働いていた頃、クライアントにデータ分析のプロジェクトを発注してもらうために、データの活用事例を調査し、まとめる機会が何度かあった。デスクトップリサーチやインタビューを通じて情報を収集し、「このように成功したデータ活用をぜひ御社でもやりましょう」とクライアントへ提案するために、集められた事例は、ほぼすべてが素晴らしい成功を収めたものであった。

しかし、分析者としての自身の経験や、分析者が集う勉強会のような場で耳にするデータ活用の事例は、むしろ苦々しい表情を浮かべながら語られるものが多く、このギャップが本書を作ろうと思いついた最初のきっかけである。

情報を最も多く持つ当事者にとって、失敗したことを記録し、他者に共有するモチベーションは、成功したときと比べるとふつうは低い。特にデータの活用においては、様々な人間の活動が複雑に絡み合うため、純粋に技術的・客観的に振り返ることが困難である。例えば、理論的には正しい分析を行い、ビジネス上は実行するべき正しい結論が得られたとしても、実際の業務を行う人々の能力や思いを見誤れば、その結論に従った決断が現場の人間にはできなかったり、現実に実行しようとしてもできなかったりする状況は想像に難くない。また、もし決断や実行において問題が実際にあったとしても、分析者がそれについて論じることは、「意思決定者が臆病であった」「現場担当者たちが無能であった」という悪口として解釈されてしまう可能性がある。逆に業務に従事する人々からは、分析者に対して「現場を理解していない」「机上の空論だ」という反発が起こることも考えられ、安易に失敗について語ることは双方の人間関係だけでなく、社会的評価に悪影響を与える危険性もある。

また、ビジネスにおけるデータの活用は、基本的に競争優位性を築くために行われており、その活動を行ったこと自体が機密情報となることが少なくない。このため、データ活用に関する情報があえて公開される場合は、企業や組織のイメージ向上などの広報的な意図をもって行われることが多い。その結果、成功した事例ばかりが紹介されることとなり、失敗に関する情報は世の中に出回りにくい。

そこで本書では、できるだけ多くのデータ分析の経験者を募り、その経験をフィクションとして再構成することで、これらの問題に可能な限り配慮した上で、読者にとって実践経験として考察ができるように具体的な事例集となることを目指した。

本書は現役の分析者に多く寄稿いただいているため、一見するとビジネス（クライアント）側を非難するように映る事例も含まれている。しかし、それらの経験を俯瞰して観察することで、本書が伝えたいことは、データの活用に関わる人々が、**失敗を避けるために何をしてはならないのか**ということである。恒常的にデータの活用に関わる分析者はもちろん、むしろ分析を依頼する立場となる経営者や企画部、マーケティング部などの方々にも読んでいただきたいと願っている。

本書で紹介する問題を回避できるように関係者が注意を払うことで、データ分析時に失敗する確率を確実に減らすことができるであろう。

編者の個人的な意見としては、データの活用におけるビジネス側の依頼者と分析者の関係は、患者と医師の関係に似ていると考えている。患者は、自分の状態を包み隠さず告白し、医師の判断や指示を尊重すべきであるが、同時に治療の結果を引き受ける立場として、どのような治療を受けるかの最終的な意思決定者でもある。一方で、医師は患者に寄り添い、患者の意思を尊重した上で、専門知識を活かして適切な治療の提案と実行を行う。より良い治療のためには、相互に尊重し合い、理解を深める必要があるが、専門知識を持つ医師による歩み寄りは特に重要である。なぜならば、医学的には全く問題のない症状に対して強い不安を訴える患者へ「医学的にはなんら問題はないので……」と医師が突き放した説明をすれば、患者は不快に感じるし、萎縮して重要な事実を医師に伝えられずに適切な治療ができなくなる可能性も生じてしまうからである。これと同様に、分析者が、依頼者の専門知識の不足や誤解を責めるような態度を取れば、確実に失敗へと一歩近づくことになる。

編者の古い友人である医師に、「医学的に見て、どんなにむちゃくちゃなことをしてきた患者であっても、治療を望むのであれば最善を尽くすのが医師の役目である」と言われたことがある。分析者も同様に、どのような依頼者であれ、ビジネスの成功を望むのであれば最善を尽くすのがプロフェッショナルの担うべき役割である、と言えよう。同時に、ビジネス側に立つ依頼者も最終的な結果を引き受けるビジネスの専門家として、手遅れな患者とならないように、データの活用に対する理解を深め、自分事《ごと》として捉えて向き合うことが重要である。

さて、まずは編者の視点から、本書に集められた事例に共通する失敗の要因を5つのパターンに分類して紹介する。この本を手に取って下さった方には、是非ご自身の視点でこれから紹介する失敗事例を考察していただきたい。そして、現在関わっている、あるいはこれから関わるデータの活用において、何を避けるべきなのかについて思いを馳せてほしい。なお、ここで紹介する5つのパターンは、複数が同時に発生しうる点を注記しておく。

パターン①：分析結果に対する想像力の欠如

データの活用の結果として得られるものを、どのようにビジネス上の価値にするかの想像力が欠如しており、使いものにならないものを作ってしまうパターン。具体的には、わずかな種類しか選択肢がないレコメンデーションエンジン、あらゆる情報を可視化しようとして読み取るのが難しいダッシュボード、ロット単位でしか発注できない商品に対する個数レベルでの需要予測、複雑すぎてどういう人にリーチしているかわからず広告主に価値が伝わらないターゲティング広告などがある。

分析者にビジネスに対する理解がなく、分析結果や成果物が実際に使えるのかどうかについて判断できないまま実行してしまう場合もあるが、プロジェクトにビジネス側として参画しているメンバーも、実際の製品やサービスが誰によって、どのように提供・消費されているのかといった現場の詳細を正しく認識していない場合も少なくない。

このため、実際の分析を始める前に、考えうる結果をいくつか仮定して、具体的にどのように使えるのかについて想像を巡らし、シミュレーションを行うことで、ある程度はこの問題を回避することができる。

パターン②：根拠のない過剰な期待

分析が始まる前に、次に行われることがすでに決定しており、その決定の正当性を補強できない結果や、あらかじめ用意されたストーリーと矛盾する結果が受け入れられないパターン。具体的には、必ず効果があると信じられている販促活動の費用対効果分析や、分析結果とは無関係に事業提携などの大きな意思決定に関する説得材料として使われることが決定している分析などがある。

当然ながら、分析の結果が必ずしも期待通りの結果を導くとは限らない。そのため、この先入観を解消できるように証拠を積み上げて理解を得ることが正攻法である。しかし、現実には説得が困難であったり、すでに決定し進められていることを覆す方がビジネス上の不利益を発生させたりすることが多い。

このような場合は、一歩引いて、ビジネスにおける分析とは道具であることを踏まえ、引き返せない意思決定は所与のものと捉える。その上で士気を高めて皆が成功に邁進することで成功の確率を高める示唆を与えたり、リスクを最小化するための方策を提案したりと、**柔軟に目的を変化させる**ことが重要である。また、意思決定者に対しては、分析者をより早期に議論に巻き込まないと有効にデータを活用できない事実を伝え、失敗したとしても再発を防いでおくことも忘れてはならない。

パターン③：難しすぎる課題

解決したい問題は明確だが、直接解決するには難しすぎたり、抽象的すぎたりすることで、ビジネス的に価値のある結果にまで到達できないパターン。具体的には、最も効果的なコピーライティングを行う人工知能、対面営業で話す内容や身振り手振りをリアルタイムに指示するレコメンデーションエンジン、スーパーマーケットなどの小売業においてどの商品がどの店舗で何個売れるかを30分刻みで予測するシステムなどである。

このパターンの場合、分析者はなんとかして意義のあるものを捻り出そうと悪戦苦闘するものの結果が出せなかったり、分析で解決できるようにするためにビジネス的にはありえない前提条件を付けてしまったりして、ビジネス上の意義を見失ってしまうことが少なくない。

このような場合は、依頼者と分析者が双方に実用性と実現性についてすり合わせを行い、課題を再設定する必要がある。

しかし、分析側が外部ベンダーの場合、自分たちの技術力を疑われることを恐れてクライアントに説明しにくい立場となる。一方で、クライアント側にも外注したからには結果を座して待ちたいという思いや、できることなら難しい問題を解決してほしいという駆け引きが生じるため、適切なコミュニケーションが取りにくくなりがちである。重要なのは最初に課題を設定したときに「本当に実現したかったことは何であったか」を常に意識できるようにし、実現性に問題が生じた際に**双方が成功のために忌憚なく議論を交わすための環境づくりを疎かにしない**ことである。

パターン④：分析実効性の確認不足

プロジェクトは開始されてしまったものの、分析を実行するのに必要なデータや環境が用意できなかったり、データや分析における前提が覆ったりすることで、計画していた分析が実行できないパターン。具体的には、担当者から送られてくるはずのデータがいつまでも提供されないプロジェクト、データベースの定義書には書かれているが実在はしないデータ、ダミーの値で埋められているデータ、使いまわされて何を意味しているのかわからなくなった商品ＩＤ、想定していたビジネス背景とは明らかに矛盾する値、分析に必要なソフトウェアやライブラリがインストールできない分析環境などがある。

データがないのに分析プロジェクトが立ち上がるようなことがあるのか、と思われるかもしれないが、分析の依頼者が実際のデータベースの中身を確認していなかったり、個人情報やセキュリティのルール確認を怠ったためデータをすぐに持ち出せない、といった事態の発生は少なくない。編者の経験では、外注先として分析を請け負う際に問題が発生せずにスムーズに分析に取り掛かれるのは、ほんの一、二割程度である。

予防策としては、懸念される問題について入念に確認を行うことが基本ではあるが、人に確認するだけでなく、**実際のデータを自分の目で確認するまで楽観的にならない慎重さ**が必要である。しかし、分析者が外部ベンダーとなる場合は、実際のデータをプロジェクト開始前に確認することは難しい。そこで、クライアント側で取り扱うデータに直接触れている人をプロジェクトの計画フェーズから参画してもらうように依頼したり、想定される問題をリストアップしクライアント側で入念に確認してもらうようなコミュニケーションを図ったり、最初から分析の実現性を調査する期間を設けたりすることが有効である。

パターン⑤：手段の目的化

世間で注目を浴びている手法をプロジェクトに銘打つことで、予算獲得や昇進など政治的に有利になるように権威づけたものの、解決したい課題が曖昧なためビジネス的に価値のあるものが作れなかったり、より簡易で効果的なアプローチがあるにもかかわらず不要な追加コストをかけたりしてしまうパターン。具体的には、注目を浴びたアルゴリズムを使わないといけない分析、目視で確認できる分量のアンケートの自由回答に対する自然言語解析、「節電×ＡＩ」といったブレインストーミングのテーマのような抽象度のまま手段だけがぼんやりと決まってとりあえず始まってしまったプロジェクトなどである。

２０２０年以降はこのようなパターンは減りつつあるが、一部の業界では半ば意図的に華々しい大プロジェクトを企画し、適当に結果を繕って、問題が露呈する前に発案者が異動したり転職したりするようなケースがいまだに散見される。

このようなパターンについては、**プロジェクトの計画や予算承認の場に技術に詳しい人物を配置するか、技術者によるプロジェクトの実現性レビューを制度化する**ことが望ましい。また、解決するべき課題を明確にしてから解決策を検討するという手法も有効である。

これら5つのパターンを意識したとしても、失敗を必ず回避できるわけではないが、それでも失敗の可能性を確実に下げられるはずである。また、本書のそれぞれの事例では、著者らがそれぞれの視点から振り返りを紹介しているので、この5つのパターンにまとめきれなかった示唆が数多く書かれている。いずれも臨場感あふれる事例ばかりなので、ぜひ実際の現場を想像しながら自分事として楽しんで読んでもらいたい。

目次

III その失敗を超えてゆけ

PART

I

「えーあい」でなんとかして！

CASE 1

UIを統一してUXが破綻する

先発品医薬品メーカーA社では、他業界と比較してデジタル化に遅れをとっているという危機感と、業界全体ではまだデジタル化において抜きん出た競合がいないという点から、自社においてデジタル化を推進したいと考えた。そこで、医薬品業界以外の企業から専門家を採用し、さらに開発部門から営業部門までの各部門から1名ずつ社員を集めたバーチャルチームを編成した。各部門から集まったメンバーは、それぞれの部門の業務においてデジタル化が可能な点を洗い出し、IT部門およびデジタルの専門家とワークショップを重ね、チーム一丸となって、ロードマップおよびすぐに取り掛かるべきプロジェクトの一覧を作成した。

役員向けのプレゼンテーションの中で、習慣や経験に基づく従来の意思決定から、データに基づく科学的な意思決定への移行は重要なテーマとして認識された。そして優先課題として、現状では各部門がばらばらに取得、保管、活用を行っている顧客データについて、全社員が共通して使える顧客情報プラットフォームを構築することとなった。

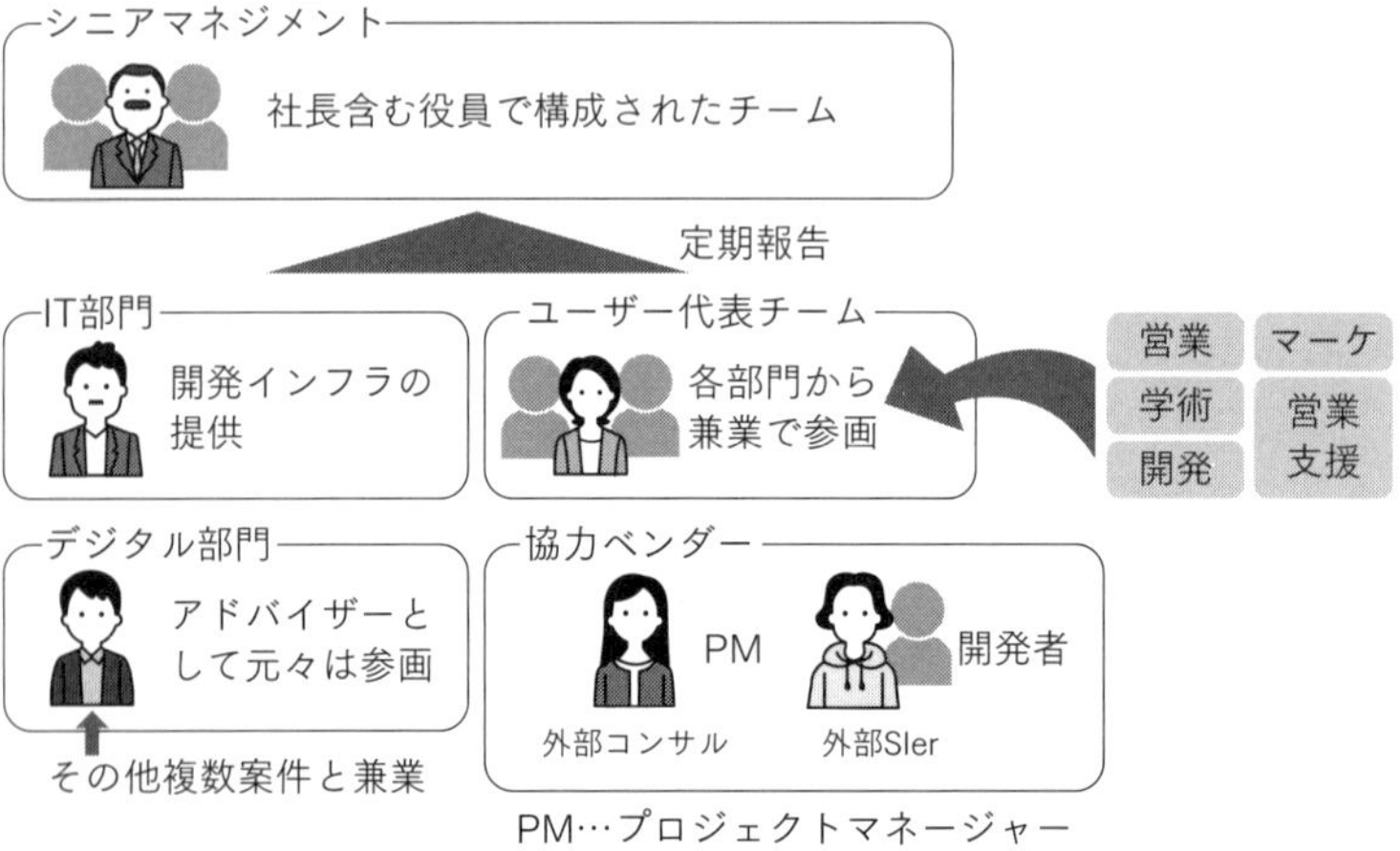

ステークホルダー

●IT部門：1名

顧客情報プラットフォームプロジェクトの全体管理および、開発ベンダーとのやりとりを担当する中堅の中途入社社員。なおIT部門では、開発業務はすべて外注している。

●デジタル部門：1名

プロジェクトの開始と同時に他業界から入社したエンジニア兼分析の専門家。

●社内の各ユーザー部門代表チーム：5名

ダッシュボードのユーザーとなる開発部門、学術部門、営業部門、営業支援部門、マーケティング部門から1名ずつ選出された若手社員。ユーザー代表として、部門内の各チームとの連絡や調整役を担う。

●協力ベンダー：3名

開発プロジェクトをリードするコンサルタントおよび、実際に開発作業を行う開発者2名。以前より常駐しているメンバーを振り替えて参画。

●シニアマネジメント：10名

社長を含む各部門長10名。本プロジェクトについての進捗報告会では、プロジェクトの最終意思決定者として位置づけられている。

プロジェクトの立ち上がり

シニアマネジメントを含むステークホルダー全員のキックオフにおいて、顧客情報プラットフォームとは、「全ユーザーが、社内にある情報を共通した形で一元的に参照できるダッシュボード」であると認識のすり合わせがなされた。

まず、各部門において医師に関するどのようなデータが保持されているかについての情報共有が行われた。営業部門、学術部門、開発部門は、それぞれ顧客である医師との接点を別々に持っているため、各々が独自に医師の情報を保持していることは知られていた。ところが、規制の都合でたとえ社内であっても共有するべきではない情報が一部存在することを理由に、大部分の情報の共有を諦めなければならなかった。そこで、規制に気を付けながら一つひとつの情報について精査し、適切にアクセス権の管理を行えば、それぞれの部門やチームの業務において有益な情報として共有できそうだということがわかった。具体的には、複数の社員が同じ一人の医師にコンタクトを取ることがあるため、すべての社員と医師との面談履歴を管理して、重複したコミュニケーションを避けたり、医師のより専門的な活動や関係性を把握してセグメンテーションの精度を高めたり、臨床試験の期間を短縮したりできるのではないか、といった意見が挙がった。

これらの検討を踏まえて、まずは医師ごとの情報が一覧できるダッシュボードを開発することになった。ＩＴ部門のメンバーと協力ベンダーのマネージャーはダッシュボードのシステム要件の整理と開発を、各部門から参画しているユーザー代表のメンバーは部門内に埋もれているデータとダッシュボードへの要望の取りまとめを、そしてデジタル部門のメンバーはデータ加工やデータベースへの流し込みを、それぞれ担当することとなった。デジタル部門のメンバーがデータまわりを担当することになった理由は、彼らは入社から日が浅く会社のデータに対する理解を深めてほしかったためと、ばらばらに存在するであろう各部門のデータを収集・加工するためのプログラムを彼らが書けるためであった。

データ収集における困難

各ユーザー部門のメンバーからデジタル部門のメンバーへ、医師に関する情報の所在が次々と送られた。それらの多くは、個々人のローカルＰＣに保存されているファイルが添付された大量のメールや、部署だけでなくチームごとにばらばらのサービス上に保存されたエクセルやＰＤＦファイルであった。まずは、それぞれのファイルをチームごとに収集し、それぞれのファイルにどのように情報が記入されているのかをヒアリングしながら、誤入力やある時点前後で変更されているレイアウトにも対応しながらデータ収集が進められた。

医師は限られた人数しかおらず、その一人ひとりが大きなビジネスインパクトをもつ特殊な顧客であることから、製薬企業においては個人単位で手厚く扱われており、担当者やその周辺では○○先生と言えば一意に特定の人物を指定することができる。このため部署によっては、業界標準で使われているＩＤ体系ではなく直接医師の名前をキーにして情報を管理しているケースがあり、データを管理するために名寄せロジックを開発した上で、手作業でのデータ収集が必要になった。

また、例えば「訪問（visit）」といったときに、社員が医師へ訪問することを指すチームと、患者が病院を訪れることを指すチームがあるなど、各チームで同じ単語が異なる意味で用いられていたり、逆に、同じ「病院」を指す言葉が「institution」や「site」といったように異なる単語で表現されるケースもあり、デジタル部門の担当者は、これらのデータ加工と共通言語の構築にほとんどのリソースを割くこととなり、巨大な医師マスタデータを作ることと以外のプロジェクトの進行は追えなくなってしまっていた。

ダッシュボード設計と混迷

各ユーザー部門からの要望が順調に集められ、使用するＢＩソフトウェア[1)]についても選定が完了したところで、定例報告会ではアウトプットイメージの共有のため、選定されたＢＩツールを使ってデモが行われた。デモでは、シニアマネジメント向けに、集められた要望の中からそれぞれの部門にとって重要と思われる情報が意図的に並べられた。それぞれの部門長が一つのダッシュボードを見て議論を交わすことができたことが好評を博し、「一元化されたダッシュボード」がこのプロジェクトのキーワードとなった。

このデモではハイレベルな情報のみを表示すればよかったため、なんとかそれらを一つの画面に収めることができていた。しかし、集められたすべてのデータと要望を満たすための情報を盛り込んだところ、画面を何度もスクロールしなければならない超巨大ダッシュボードが出来上がってしまった。あまりに巨大すぎたため、できるだけコンパクトに情報を表示するために、一つのグラフの中に複数の情報を格納できるようにしたり、共通して閲覧すべき情報や業務によっては直接使用するユーザーが多い情報を見やすい位置に配置したりといった工夫がなされ、長い議論の末に、各部門メンバーが妥協可能な落としどころとなるダッシュボードが構築された。

超巨大ダッシュボードのその後

最終報告会においても、シニアマネジメント向けに作られたハイレベルな情報のみを集めたダッシュボードを中心に紹介が行われ、好評のうちにプロジェクトは完了した。しかし、各ユーザーが実際に使うこととなる、超巨大ダッシュボードが各ユーザーに紹介されると、どのように使えばよいのかという問い合わせが殺到した。各ユーザー部門メンバーは、事前に想定問答集と使い方のマニュアルを作りこんでおり、挙げられていた要望の大部分を満たす情報が取得できることを伝え、納得してもらうことで次第に問い合わせの数は減っていった。

導入時の混乱が過ぎ去ると問い合わせの件数はほぼゼロとなり、定期的なアクセスも発生していることから順調に稼働していると思われた。しかし、導入から半年ほど経過した頃に

1）ビジネスインテリジェンスの実現のため、データの集計、可視化に使われるソフトウェア

アクセスログを調査してみると、実際にはダッシュボードはほとんど閲覧されておらず、決まったユーザーが定期的にデータをCSVファイル[2)]としてダウンロードし、各々が独自の加工を施してチーム内に配布していることが明らかとなった。つまり、一元化されたデータに対するニーズは満たしたものの、苦労をして要件を取りまとめたダッシュボードとしてはほとんど使われず、手間のかかるデータダウンロードツールとして使われることとなってしまった。

失敗の原因

●調整役ばかりでものづくりをリードする人物がいない

今回のプロジェクトに登場する人物のほとんどは調整役として機能していた。達成するべきハイレベルな目標や必要な機能について整理する人はいるものの、**実際に作られるものが誰に何の業務でどのように使われるのかを想像し、あるべき姿を決める役割の人物がいなかった。**そのため、それぞれの要求がまんべんなく盛り込まれ、結果的に誰にとっても使いにくいものが出来上がってしまった。

●一元化という言葉の独り歩き

実はプロジェクトの途中、開発ベンダーからはダッシュボードを各部門、チームごとに分割する案が提案されたが、各ユーザー部門からは「一元化されたダッシュボード」というキーワードに反するという理由で却下されてしまった。これは、**「データを一元化すること」と「表示を一元化すること」は全く異なるにもかかわらず、この二つを混同してしまったこと**が原因だと考えられる。この二つの違いは技術者の間では頻繁に言及されることだが、本件ではダッシュボードなどの目に見えるものを指してデータと捉えてしまっていた。

●社内の技術専門家

本件で登場したＩＴ部門では、内製開発などは行わず、限られた予算で最大限の要望を満たすことを目的として、技術的な専門家としての意見はすべて外部の開発ベンダーに任せてしまっていた。外部ベンダーにとっては、クライアントのユーザー部門やシニアマネジメントと対立しかねない意見を強く推すことは難しく、結果的に技術的な問題を抱えたままプロジェクトが進行してしまった。また、責任を問われない範囲で技術的な問題が存在し続けた方が、外部ベンダーとしては工賃を稼げるため、より意見を言いにくい立場となってしまった。

2)　Comma-Separated Values：各項目がコンマで区切られたデータ形式

一方、社内の技術者であったデジタル部門のメンバーは、一人で多くの業務を抱え込みすぎてしまっていた。社内のプロジェクトメンバーに技術者がいない場合は、デジタル部門メンバーに、プロジェクトのアプローチについて技術的な観点からレビューする余裕があれば、この問題を回避できた可能性があったのではないかと考えられる。

CASE

2

誰のための仕事？
それが問題だ

とある製薬会社では、近年売上が伸び悩んでいるために、営業部門から、営業研修やマーケティング部との共同キャンペーンなどの様々な施策が打ち出され実行されてきた。幸いなことに成功といえそうなキャンペーンもいくつかあったが、それらも一時的な売上増につながるだけで、継続的に売上を立ててくれるような施策は見つけきれていない状況だった。

そこで営業企画部門が手をつけたのが、「ＡＩ（データ分析・機械学習）を使った営業活動の効率化、営業機会の創出」という、ここ数年熱を帯びているＡＩ関連プロジェクトだった。これまでのキャンペーンは人手で行っており、データから導き出した仮説の洗い出しやシステムによる仕組み化までは行えていなかった。営業企画部ではこのような感覚・感性ベースでの取り組みをやめ、新しい考え方を用いて施策を立案したいと考えていた。

この取り組みを実施するために、まずはＰｏＣ[1)]を行い、結果が良ければ本格的に導入するという方向性で話を進めていった……。

プロジェクトの体制

主なステークホルダー

●営業部門

営業企画部　部長　A氏：プロジェクトリーダー
営業企画部　B氏：プロジェクトメンバー
エリア営業部　部長　C氏：プロジェクトメンバー
（営業実務担当）

●IT部門

IT企画部　部長　D氏：IT側のリーダー
IT企画部　リーダー　E氏：プロジェクトメンバー

それぞれの思惑

営業部門としては、新たな切り口での施策の立案および展開を望んでおり、それらを活用して売上の継続的な伸びを得たいと考えていた。その取り組みの一つとして、ＡＩを使ったプロジェクトに大きな期待を寄せていた。営業企画のＡ氏、Ｂ氏ともにＩＴにはそこまで強くないが、これまで立案してきたキャンペーン・施策の立案着眼点は間違っていないと自負している。まずは小規模に取り組めるＰｏＣを行い、キーポイント・キーパーソンの発見を行いたいと考えた。

ＩＴ部門としては、営業部門のキャンペーンには極力協力したいが、これまでのシステムの運用対応やメンテナンスなど、日々のオペレーションに忙殺されている場合も多い。売上を上げるような取り組みは行いたいと思っても、なかなかできていないのが現状であった。手軽に行えて、リソースも割かず、可能であれば営業部門で対応できるような形にしてほしいと願っていた。

エリア営業部としては、本部が打ち出す施策には乗りつつも、毎回売上を積むことができない状況に忸怩たる思いを抱いていた。新しい切り口での視点を盛り込む施策という今回の話が持ち上がった際には、このプロジェクトに参加して、現場の意見として、新たな視点を盛り込みたいと思っていた。

1） Proof of Concept（概念実証）：新しいサービスなどの実現可能性を確かめるために、必要最小限の規模で検証を行うこと

部門名	タイトル	やりたい内容
営業企画	ＡＩで重要な取引先担当者を推定する	これまでの商談履歴を使って、何回か商談を重ねることで売上が上がるような取引担当者を推定したい。
エリア営業	各地域レベルにおける売上推定	現在の売上レポートは予測がないため、将来の売上を推定しにくい。ＡＩの力を使ってある程度の売上予測をして、営業活動に力を入れるべきかどうかを毎日追跡できるようにしてほしい。
ＩＴ部門	既存データベース・既存ＡＩツールのリプレース	数年前に導入をしたデータベースが現状の負荷に対応しきれない兆候が見えている。このまま利用を続けると、レスポンスが遅くなりユーザーから不満が出てくることが予想される。また、高価な分析ツールを導入したが、その後使われなくなったことがあったために、このツールを廃止し、今回の目的にあったツールを導入したい。

衝突、そして……

ＰｏＣをやることについては、各部門から概ねの同意を得ることができた。このあと、「何をやるか？」を議論するとともに、ＰｏＣの内容（スコープ）をディスカッションするために、ミーティングを開くこととなった。

ミーティングは、各部門ごとにＰｏＣでやりたい内容をリストアップし、すり合わせを行うという流れで進めることになった。各部門から寄せられたＰｏＣで実施したい内容は、上の表のようなものとなった。

このようにやりたい内容は出揃ったが、当然ながらＰｏＣを行うに当たり、予算・人的リソースも限られているため、すべてを実行できないことは明白だった。予算・人的リソースを勘案しても、どれか一つしかＰｏＣが実行できない。いずれにしても、各部門の協力が必要になるが、その他の部門においては希望した内容が実施されないというジレンマに陥ってしまう。

こういった状況が各部門ともに見えているため、各部門ともミーティングを重ねるごとに態度が頑なになり、自部門の都合が最優先となる状況になってしまっていた。こういった状況が数回にわたり続き、何も決まらぬまま数ヶ月が経過、最終的に合意には至らず、結局ＰｏＣすら実施できないという結果になってしまった。

この結果を受け、各部門ともますます態度を硬化させ、横の連携が取りづらくなり、全社横断のプロジェクトやＩＴ部門でシステムが更新されなくなるなど、全社的な実害が生じることとなった。

失敗の原因と対策

今回の事例はＰｏＣにすら行き着かないという事例であるが、どのような組織でも起こりうる失敗例である。コンセプト（ＰｏＣの目的）は社内で同意を得ていたものの、実際のスコープを決める際に話が進まなくなってしまう。この原因は、組織間の協力ももちろん必要だが、「何が全社にとって良いことなのか？」という観点が抜けてしまい、「自部門が優先、自部門の実績のみを上げたい」という部門中心の考え方が仇になってしまったことにあると考えられる。

あわせて、音頭を取る営業企画にプロジェクトをリードする力がなかったことも一因だろう。ＰｏＣを立案する段階で、各部門にやりたいことを募集してしまったこと、最初から風呂敷を大きく広げすぎてしまったこと、ＩＴ側の知識が足りておらず、ＡＩや機械学習を実施するに当たり、必須のインフラストラクチャー（データ、分析ツール）、結果の実運用への展開など、トータルで考えることができていなかったことも敗因の一つと考えられる。

このようなケースで、成功するやり方として、**「小さく生んで大きく育てる」方式の採用が適している**。関わる人、スコープ、システムを小さくすることにより、試行回数や方向転換を行いやすくし、成功と思われる方向に素早く軌道修正できるようにしておくことが重要と思われる。特に、プロジェクトに関わる人が増えてくると、会議や納得してくれない人への説得、ドキュメンテーション等々、コミュニケーションコストが指数的に増えていく。こういったコストが、ＰｏＣの成功から遠ざけてしまう。

ここで重要なポイントは、**ＡＩや機械学習のプロジェクトを行う上で、ＩＴ関連知識やＩ**

T部門の協力が不可欠であるということだ。今回の事例では、IT部門への要望も聞いてしまったため、衝突が起きることとなった。営業企画側でもITシステムをある程度理解し、IT部門と対等にコミュニケーションできる人材を抱えておいた方がスムーズに話が通る可能性が高い。また、**営業企画の人材でも最低限のIT知識（このPoCではAI・機械学習の知識はもちろん、コーディング環境、データベースなど）はある程度事前に勉強しておいた方がベター**だと考えられる。

IT部門への丸投げではなく、IT部門とある程度協業できるようなチーム体制を営業企画で構築しておけていれば、また違った結果になったであろう。

CASE 3

最先端アピールのための最先端プロジェクト

社内で「最先端な機械学習をやりたい」という突発的なアイデアから、その技術が適用できそうなデータや部署を探し、プロジェクトが発足した。しかし、そもそもデータ整備といった下地や「どのようにDX[1)]したいか」という目的がないため、このプロジェクトは手段を実行するための「目的」を探す名ばかりの最先端プロジェクトになった。そして、寄せられる過剰な期待から、集められるだけのデータで最先端モデルを実行し、中身のない進捗を報告し続けていた。簡単なモデルでもそれなりの精度が出ていたことは言うまでもない……。

プロジェクトの背景

事業会社A社とITコンサル会社B社の合同プロジェクトであった。会社が最先端技術を使った分析をしているという事実を社内外にアピールするため、B社幹部のたっての希望により発足した。

なにより最先端な深層学習技術に触発されたB社の幹部が、ニュース記事やブログで見つけたBERTという手法にどハマりしてしまい、ぜひ我が社でも使いたいという背景からプロジェクトは始まった。BERTとは、当時人間よりも賢いと話題だった自然言語処理の一つのモデルである。

このプロジェクトは今後大きく発展する予定のため、常駐メンバーを増やしたいというB社からC社への依頼があり、自然言語処理の知識があるX氏に声がかかった。それまでにプロジェクトはすでに半年ほど動いていた。

プロジェクトは、コールセンターのデータを使ってDXするという触れ込みであった。

主なステークホルダー

プロジェクトのメンバーはITコンサルティング会社B社のコンサルタント1人、データ分析会社C社のデータサイエンティスト3～5人で構成された。

1）デジタルトランスフォーメーション（DX）：ビッグデータとデジタル技術を活用して、企業のビジネスプロセスや組織、文化を変革し、競争上の優位性を確立すること

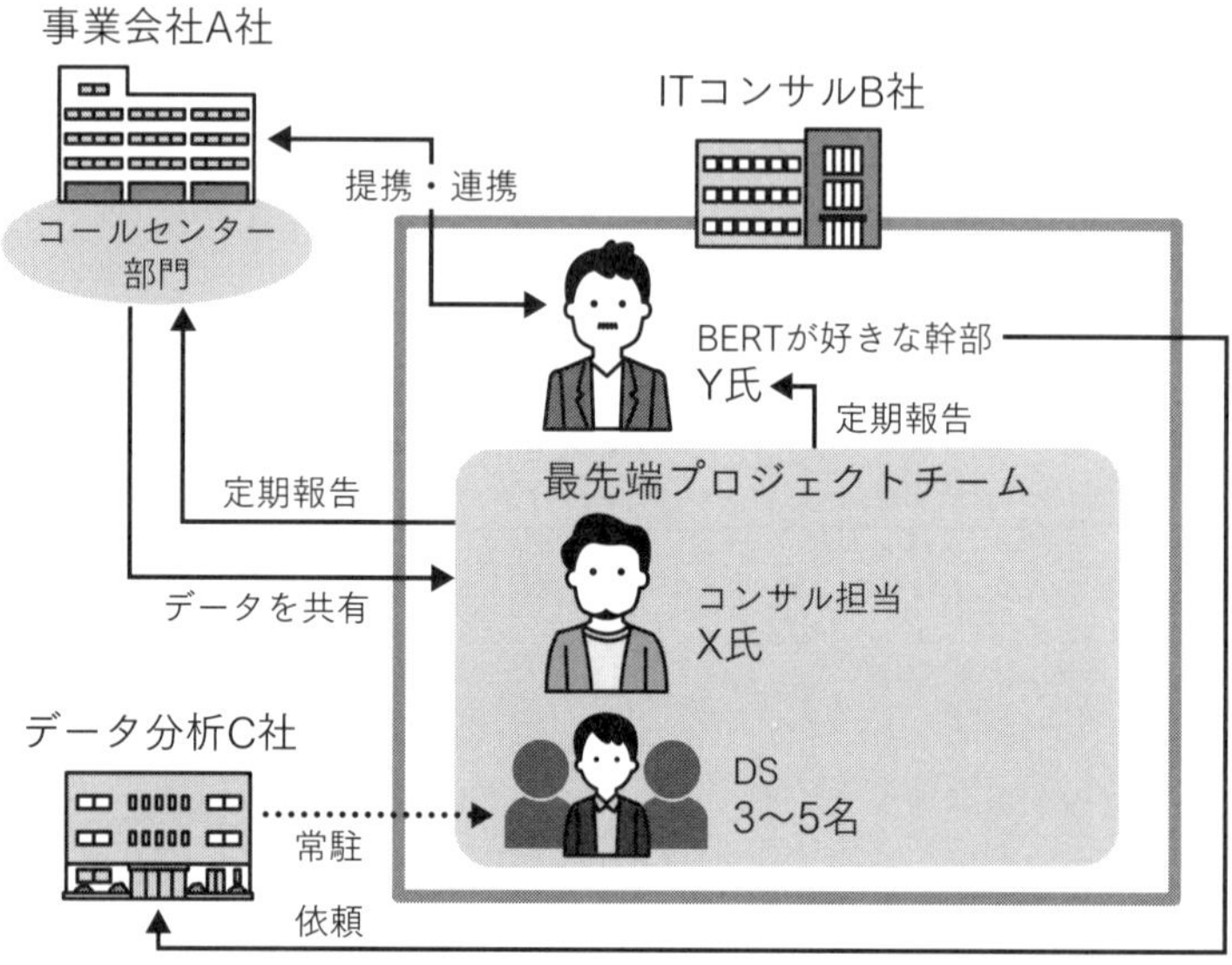

●事業会社A社

データ提供に応じてくれたのは、事業会社A社のコールセンター部門であった。A社はITコンサルB社と提携しており、X氏にとっての本来のクライアント。

●B社　コンサルティング担当：X氏

コンサルティング担当X氏は、B社の上層部およびA社とのミーティングやプロジェクトの進行を管理していた。プロジェクトの後半になると資料作成が多くなり、分析業務は常駐メンバーに移管された。

X氏は、自然言語処理や深層学習の知識はある程度持っていて、最新の動向をチェックしていることもあった。

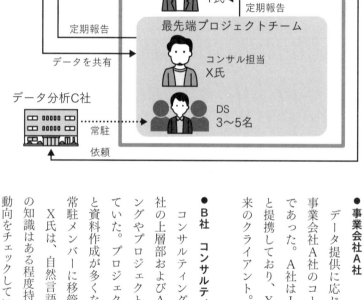

●B社 幹部：Y氏

プロジェクトの発足を立案したのは、B社の幹部Y氏である。Y氏は深層学習に対して過剰な期待を持っており、社外のBERTに関する取り組みを社内に共有していた。コンサル担当X氏にとっての実質的なクライアントといってもよい。

●C社 データサイエンティスト

データ分析会社C社からの常駐メンバー（データサイエンティスト）は若手を中心にアサインされた。主にコンサル担当X氏から作業依頼があり、メンバーらはそれを実行する作業要員だった。プロジェクトの最初の方は、要件定義などについて意見を求められることもあった。

データ準備

データはコールセンターが管理していたため、分析の環境に合わせてコールセンターから提供してもらうことになった。

通話内容のテキストデータは、音声書き起こしソフトで完全に自動で出力されたものだった。そのソフトはカスタマイズされており、会社のプロダクト名などは正式な表記に変換されたり、個人情報らしき箇所はマスキングされたりしていた。しかしながら、カスタマイズは更新されておらず、誤字が多かった。（ノイズを減らすためにソフトをチューニングされているとよいのだが、このプロジェクト以外で書き起こしデータが活用されたことはほぼなかったようで、誤字があることに問題意識はないようだった。）

一週間分程度のデータで分析していたが、時期による変化を見越し、追加のデータを依頼することになった。三ヶ月以上経った後、追加データが納品されたものの、そのデータは保存されている期間が短く、最初のデータとは不連続になってしまった（データサイズの関係で保存しきれなかったらしい）。

データ解析

まずはデータを見て、どのような傾向があるかを読み解きながら進めるべきだが、プロジェクトの目的が決まっていなかったので、「とりあえずＢＥＲＴを使ってなにかできないか（なにか披露したい）」という方針で進んだ。

そこで、コールセンターのオペレーターが架電ごとに記録しているラベルデータを利用し、応対の書き起こしテキストからラベルを予測するタスクに取り組むことになった。

本来ＢＥＲＴは事前学習モデルで、すでにあるモデルをファインチューニングしてタスク用に調整するものだが、このプロジェクトでは当初から、BERTの事前学習から始めることになっていた。

本来であれば数十億あるデータを用いて事前学習すべきものを、一週間ほどのテキストデータだけでまかないきれるわけもなく、予測の精度は良いものとはいえなかった。

さらにラベルの粒度が細かすぎるという致命的な問題もあった。申込・解約のような単純なものだけでなく、キャンペーンやカテゴリーごとにラベルが細分化されており、整備も不十分だった。そのためラベルの付け方にばらつきが出ていた。

また、ラベルは何個でも付けられるので、応対によって付いているラベルの数が異なっていた。似た応対内容でもオペレーターによって全く違うラベルが付いていることもあった。

そのため、ラベルに比較的ムラがないラベルデータだけで予測する分類問題を解く方針に変更した。

さすがに一つのモデルだけで解析すると精度の良し悪しがわからないので、簡単な機械学習モデルをベースラインとして作成することを提案した。数十時間の事前学習やGPUのような高価なリソースが必要なBERTに比べ、CPUで実行可能な比較的軽いモデルであるxgboost[2)]でもBERTと同程度の精度が出た。すでに付与されているラベルを当てるだけの

2)　勾配ブースティングを利用したラインモデルの一つ

タスクを対象とすれば、xgboost の方がBERTよりも実用に向いている方法と考えられるだろう。

しかし、そのような理由だけではBERTをやめられるわけがなかった。

このプロジェクトはY氏による「BERTを使ってなにかできないか（なにか披露したい）」プロジェクトだからである。

そこで、ランダムフォレストや xgboost といった分類モデルでは対応できない、テキストを抽出するタスクにB社で方針転換が図られた。その応対で重要となるフレーズをテキストデータから抜き出すタスクである。

だが、抜き出すべきフレーズの正解データは存在しない。

そこで、常駐のデータサイエンティストによる作業が発生した。コールセンターにもデータ作成を依頼したものの、協力的ではなかったためである。コールセンター側も効率化したいという希望は出していたものの、プロジェクトはB社により立ち上げられたもので、コールセンターの主導ではなかったからだろう。プロジェクトの立ち上げ当初から時間が経過して、A社内で人事変更が生じたこともあり、データ作成を依頼した時点で目的意識を共有しきれていなかった。

そのような経緯から、X氏とC社のデータサイエンティストを総動員して、コールセンターの応対書き起こしから抜き出すべきテキスト部分にラベルを付与することになった。

データサイエンティストであるにもかかわらず、ラベル付与だけを行う週もあった。

こうして作られたデータで実験・分析を行い、その結果をA社コールセンターおよびB社幹部に共有するサイクルが半年ほど続いた。

解析結果の伝達

コールセンターがデータ共有に協力的でないこともあり、いくら結果を共有しても先に進むことはなかった。

にもかかわらず、「精度が八割ないと実用できない」という基準がコールセンター側から追加された。その精度はデータサイエンティスト達の作成するラベルデータの一貫性にかかっていた。モデルの精度の向上だけでなく、人手でラベルを付けやすくするためにラベルの定義も徐々に変化していき、正解データも常に変化していった。

そもそも、ラベルを予測できたところで、「どう活用するか」のような指針は最初から全くなかった。ともかく「BERT」が使えればよいのだ。B社内の四半期ごとの振り返り会で、「BERT」を使ったプロジェクトが進行していることが社内に伝播されるだけで十分な機能だった。

プロジェクトは一年ほど続き、BERTも少し流行りを過ぎた。

最終的にコールセンターには採用されなかったものの、B社のプロダクトとして体裁を整えたのち、分析ツールは公開された。

失敗の原因と対策

プロジェクトの失敗の原因は、**データ分析が手段ではなく目的になっていた**ことである。分類モデルによって、人では捌き切れない量のデータを自動で処理することができる。そのためにデータの傾向を調査したり、適切なラベルの定義を考えたり、モデルのチューニングを行う。

しかしながら、このプロジェクトは「最先端のモデルを利用した」分類モデルを作ることが目的だった。

モデル構築のためにコールセンターにデータの提供を依頼し、モデルの精度を良くするために（分析や実験が主な仕事であるべき）データサイエンティストが自らラベルデータの作成に従事した。

どのような恩恵が受けられるのかを全く考えずに作ったラベルデータが、実用に耐える可能性は極めて低い。にもかかわらず、独自に構築したモデルにこだわり、データの問題やラベル定義の曖昧さを無視してしまった。

「最先端」でないモデルを提案したり、ラベルの定義が頻繁に変わることに関して、データサイエンティスト側からコンサル担当X氏に苦言を呈したりしたものの、B社幹部Y氏の希望により発足した「最先端プロジェクト」ゆえに、プロジェクトの途中で方向性を変えることはできなかった。

皆さんもデータ分析プロジェクトが始まるとき、まず「どのモデルを使うか？」「どのように問題を解決するか？」という議論に入っていないだろうか？

それよりもまず、**「何が問題なのか」「何を解決できれば嬉しいのか」を考えるべきだ。**イシューが見定められれば、自ずと「まずはデータの管理方法を考えよう」「この手法が使えそうだ」という次の一手が見えるものである。

そうはいっても流行っている最先端な手法を今すぐ試したいと思うかもしれない。

今ではインターネット上に公開されていて、すぐに使えるモデルも多いだろう。

試すことは大いに結構なことだ。しかしモデルを独自に構築する前に、まずは**オープンアクセスのデータを使って試してみる方がよい**だろう。そうすることで試したい手法が他の手法と比べてどのような点で優れているかがわかるし、その結果を公開することで誰かの助けになるからだ。

CASE 4

本当に季節性はありますか

データ分析におけるプロジェクトの始まり方は様々だ。本プロジェクトでは、あるBtoBの製造業向け部品などを扱うカタログECサイトにおけるレコメンデーションのアルゴリズムを開発するところからスタートした。スタートは順風満帆とはいえず、まずは力量を見せろということで、複数社の分析会社が顔を合わせ、先方の用意したサンプルデータをもとにして、それぞれのレコメンドアルゴリズムで、用意された推薦商品を競うコンペティションが開催された。

データサイエンティストC氏は、それまでに数々のコンペにおいて、競合他社を打ち破って案件を獲得してきていたが、今回のプロジェクトにあたっては全くドメイン知識がなく、未経験な業界であったために、気を引き締めて挑んだ。サンプルデータをもとに探索的な分析を繰り返していくと、商品マスタに含まれる様々な種類のSKU[1)]の売れ筋や傾向などがわかってきた。しかし、いざその商品を見ても、全くピンとこない。無理もないだろう。工業部品は同じように見えて異なる種類の部品が多数存在している。例えばネジでは、国内で流通しているだけでも40万種類を超えるバリエーションがあるという話もある。それら一つひとつに目的に応じた設計意図があるのだろうが、一データ分析者にとって、ネジはネジ以外の何物でもない。そんなネジとどんなものが一緒に買われるべきなのかなど、C氏にとって皆目見当もつかないことであった。

しかし、そんな泣き言も言っても始まらない。コンペまでの期限は刻一刻と迫ってくる。様々なアルゴリズムを試しては検証し、試しては検証するものの、手応えがなく、焦りばかりが募っていく。

こうなったら、もう自分の感性を捨て去るしかない。C氏はそう決心した。一つひとつのデータ分析の集積からアルゴリズムを検討するのではなく、徹底的に演繹的なアプローチによって解決を試みることにした。つまり、一つひとつの商品の適合を見るのではなく、全体の分布の状態やそれぞれの商品同士の距離の状況を見て、最も最適だと思われるアルゴリズムを採択することにした。

結果、見事にコンペで勝利を収めることとなり、プロジェクトがスタートしていくこととなる。しかし、それがこのあと続く苦難の引き金になろうとは、そのときは思いもしなかった。

1)　Stock Keeping Unit：一般的には受発注や在庫管理を行うときの『最小の管理単位』のこと

前置きが長くなってしまったが、このような背景のもと、製造業向けの部品などを扱うカタログECサイトのデータ分析プロジェクトが始まった。データ分析の目的は、同社で扱うプライベートブランドのリブランディングを行うための、サイト全体で扱う商品を対象としたデータマネジメントプラットフォーム（DMP）の構築にあった。

メーカーの作る部品は町工場などの特定の顧客向けにカスタマイズされており、それ単体では大きく売り上げることはないものの、安定的な需要が見込まれているようだ。商品点数は1千万点を超える規模で、対象となる顧客数も数百万規模という大規模なデータ群となり、データ分析者としては腕の鳴る案件であったことは間違いなかった。

主なステークホルダー

データ分析プロジェクトを受託したデータ分析会社X社からは、代表A氏、データ分析のコンサルタントB氏、データ分析者C氏および開発エンジニア3名が参加した。

また、クライアントY社からはECサイト担当者が4名、その管掌役員D氏という構成だった。二週に一度の頻度で定例ミーティングが開催され、その都度、進捗を共有しながら、どのようなDMPを構築していくかの検討が行われた。

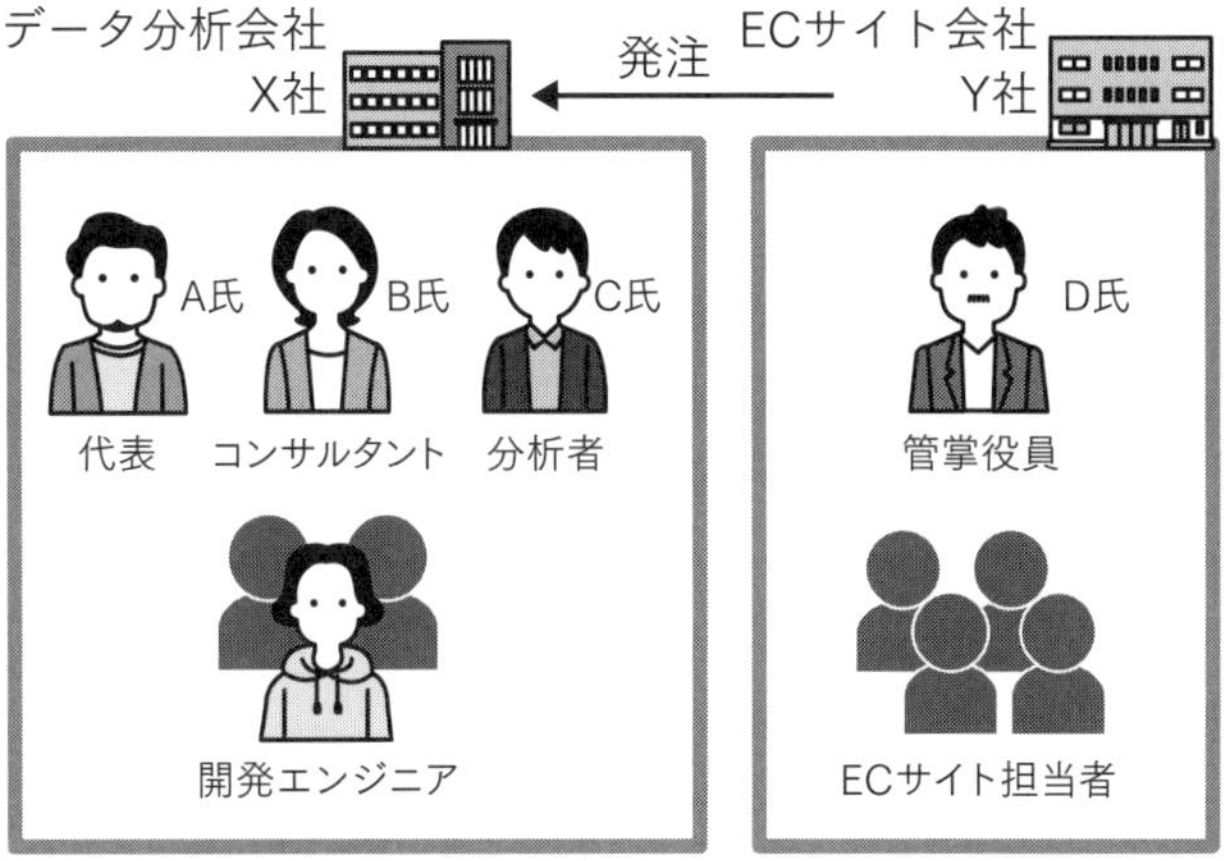

データ準備

データの準備については、それほど問題はなかった。データの期間も、約三年分のデータを準備してもらうことができた。

まずは、多数の商品のマスタデータ、その取引のデータ、そして顧客のデータという一般的なデータを受領した。ここでは三つに分類したが、実際のデータはもっと細かく分かれており、その内容を確認するのにも数日かかるほどの骨の折れる作業だった。X社で扱っていたクラウド環境で分析することもできたため、当時はAWSのRedshift[2)]で前処理や基本集計を行っていた。

2) AWS（アマゾンウェブサービス）が提供しているデータウェアハウスサービス：https://aws.amazon.com/jp/redshift/

分析環境

分析環境としては、AWSのEC2やRedshiftの環境を、データ解析には、PythonやR言語、エクセルなどを用いた。

データ解析

すでにコンペの時点でデータにある程度触っていたこともあり、多少なりともデータに関する知識があったのだが、実際に三年分のデータをハンドリングする際には苦戦した。とはいえ、クラウドでの処理はそれほど困ることもなかった。

しかし、ここで最初の問題が発生する。受領したデータの最も古い期間のデータが明らかに欠損しているような状態だったのだ。完全に欠損しているのであれば、すぐにでもクライアントとコミュニケーションを行い、原因を追及するのだが、たちの悪いことに、他の月よりも30％減程度の状態で入っており、本当に欠損なのかどうかを特定することが難しかった。タイムスタンプを確認すれば、もう少し原因がわかるだろうと思っていたが、抜け漏れしている日もないという状態がさらに謎を呼んだ。

そこで、分析者C氏は、データ分析チームの上司A氏に相談し、万が一欠損している場合には、そのデータを補完するアイデアを適用することにした。実際にクライアントにデータの状態を確認してみたところ、ちょうどその時期は勘定系システムの移行時期であり、その前のシステムのデータは保持していなかったとのことだった。C氏は自らの用意していた補完プランが適用できると考え、そのアイデアを提案し、了承された。ここまでは非常に順調に進んでいた。クライアントとの信頼関係も問題なく築き始めていたところだった。しかし、そんな順調なプロジェクトもある時点から雲行きが怪しくなっていく。

クライアントのD氏は、当時B to CのECサイトの事例などを熱心に研究しており、トレンドのアイテムにとても憧れを抱いていたようだった。マーケティングシナリオとして、過去のデータから導き出された需要の増加を見越して様々な商品を推薦し、売り上げを押し上げる施策を生み出すことは、ECサイトの担当者であれば、誰しもが思い描くことだろう。

解析結果の伝達

何度目かの定例ミーティングで、ついに季節性商品の分析結果を共有することとなった。しかし、ここでひとつ、冷静になって考えていただきたい。今回のクライアントはB to BのECサイトである。ましてや製造業向けの商品を扱っているのである。そんな企業の担当者が、夏だからこの商品を買っておこうとか、冬に備えてこの商品を用意しようという発想に至るだろうか。そんな疑問を抱いていたが、やってみなければわからない。そういうわけで分析した結果を持ち、定例ミーティングに臨んだ。

実際にトレンドはいくつかのパターンで見つかった。まず一つ目のトレンドは、平日のトレンドであった。当たり前だが、そのクライアントの売り上げは、平日の売り上げが圧倒的な比率を占めている。一部土曜日に売れている部分もあるが、日曜日の減少率は著しいものだった。C氏はその結果をレポートにして報告した。D氏は、既知の事実ではあるという反応ではあったが、嬉しそうだった。

また、別のトレンドも見つかっていた。これは年度またぎの消耗品需要である。3月、9月などの年度末に軍手などの消耗品がよく売れていた。この理由は結局明らかにはなっていないが、年度末の予算消化のために一時的に発注が増えているのか、4月や10月といった新しい期に入ってくる社員のために事前に発注しているのか、などの理由があるのだろう。この報告もD氏は嬉しそうに聞いていた。

報告はそこまでだった。そう、ネジやシャフト、ボルトなどの部品群にはトレンドなるものを読み取ることができなかったのだ。手にしたデータからの報告を期に、D氏は少し態度を変えた。

「そんなはずはない。間違いなくあるはずだ。もう一度やり直してくれ」

ここから何度も何度も季節性を確認する分析が繰り返された。しかし、何度やってもないものはない。しかし、ビジネスにおいて、そんなにきっぱりと断言できるわけもなく、毎回あの手この手で、細かい変化などを報告することになるが、D氏は全く納得しない。

結果の実行

勘の良い読者ならすでにご察しの通り、D氏は結果ありきのマーケティングシナリオを組み上げていたのだ。このトレンド商品がサイトのトップに季節ごとに並ぶというコンセプトがあった。つまり、こういう結果が欲しいのだという、結果ありきの企画であったことがここで判明した。

C氏は分析担当として、嘘を報告することはできないが、どうにか色々な時期のトレンドを捻り出し、この要件を満たす最低限のトレンド（のような）商品のリストを分析結果から用意することでことなきを得た。

その後の効果検証について、どうなったかは皆さんのご想像にお任せしたい。

失敗の原因と対策

今回のプロジェクトにおける失敗の原因は唯一、**担当者の中にある強い思い込み**に尽きると筆者は感じている。その思い込みは、日々の業務を通じた仮説であったのだろうから、そうした見立てをもとに分析プロジェクトを立ち上げたり、施策を行ったりすることは否定しない。しかしながら、**ファクトをきちんと受け入れることが大事**であるのだ。

世の中の分析プロジェクトには、不確実性が非常に多く潜んでいる。思い通りの結果にならないことは多いだろう。また、プロジェクトにかける費用や工数も少なくはない。そこまで進めてきた準備がサンクコストのように積み重なっていくと、ファクトを受け入れる余地が無意識に削られてしまうのかもしれない。プロジェクトの成功に担当者の強い思いやパッションは必要条件だと思うが、その思いが強すぎたり柔軟性に欠けると、思いもよらない落とし穴に落ちてしまうのだと、筆者は本プロジェクトにて学ぶことになった。本稿に記すことでその供養としたい。

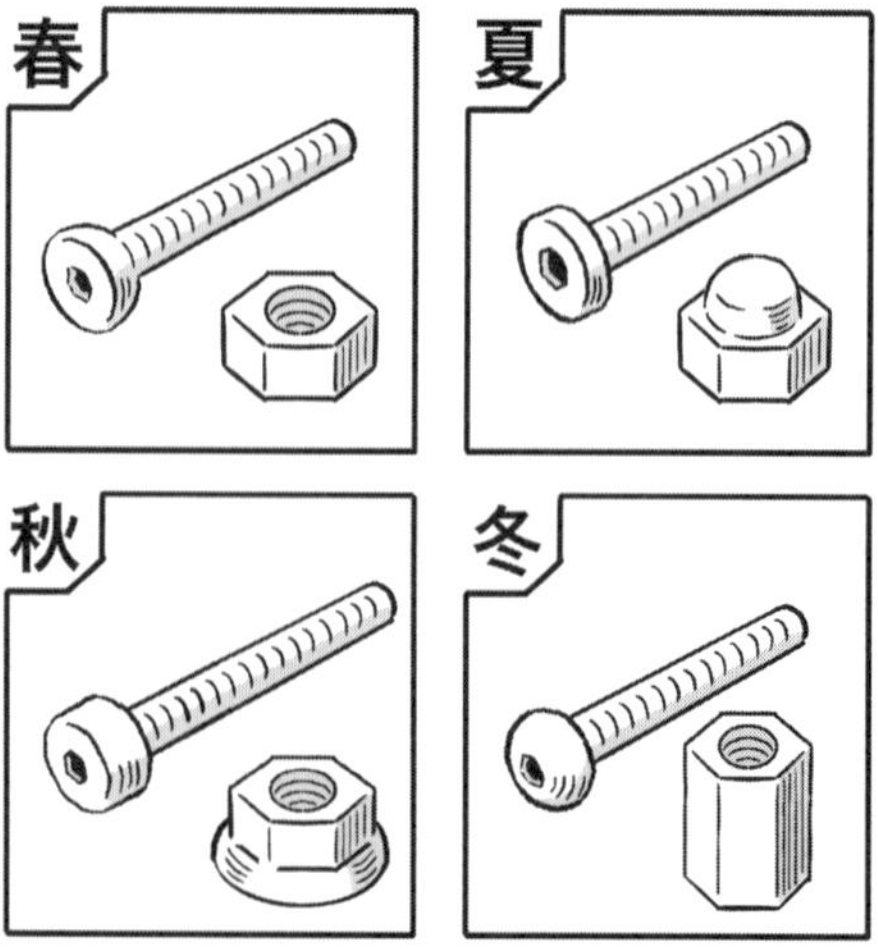

CASE 5

レコメンドの必要ありますか

製薬企業において営業職とも呼ばれるMR職は、自社製品の情報を医師に伝えて適正な使用を促すことにより、自社製品の売上促進を図る。しかし、すれ違いざまに挨拶をするためだけに一日中病院の駐車場や出入り口付近の植え込みに待機する、といった過剰な営業活動が行われたり、医薬品の情報提供とは関係のない論文の翻訳代行や草案代筆、行き過ぎた接待など、コンプライアンスの観点から問題のある事例が多く発生したりしたことから、近年ではその活動が厳しく制限されるようになった。

かつては、営業活動のKPI[1)]として「ターゲット顧客と目があった回数」が設定されるケースが実際に存在していた。このことからも、他業界と比べて、製薬業界がいかにわずかな顧客とのエンゲージメント醸成に対して多額のコストを支払っていたかは想像しやすいだろう。製薬企業の販売管理費は最終的に薬の値段に反映されるため、医療費が肥大化する社

1) Key Performance Indicator：重要業績評価指標

会情勢を鑑みて、どの製薬企業もMR職を縮小せざるを得ないトレンドにあった。

その一方で、医療自体は高度化が進み、医師一人が会得しなければならない情報は年々増えており、適正な情報提供に対するニーズは市場全体としてむしろ高くなるという見立てがなされている。そのような中で、いかに少ないMR職で効率的に情報提供を行うかは、界隈におけるキートピックとなっていた。

中堅製薬企業X社が扱う製品は、まさにこのようなトレンドに当てはまった。特殊な疾患のために対象となる患者数が限られており、売上の上限値が低いことから、多くのMR職を割り当てることができない一方で、処方には広く深い知識が要求される製品であった。

この製品のマーケティングを担当するブランドマネージャーA氏は、この問題に対しMR職が医師を訪問する際の一回の質を高めるためにAIを活用できないかと考えており、同時期に営業部長であったB氏も、以前と比べて医師とのエンゲージメント醸成に苦戦するMR職が増えていると感じていた。A氏は、何らかの手立てを提供する必要があると感じたため、本社で行われる営業とマーケティング部門の合同会議の際に、最近採用されたデータサイエンティストのC氏を呼んで対策を練ることにした。

ステークホルダー

●ブランドマネージャー：A氏

新卒入社後数年で幹部候補生としてＭＲ職から本社のマーケティングチームへ異動になったブランドマネージャー。データ分析の技術的な部分には立ち入らないが、ビジネス誌に掲載されるような機械学習・ＡＩの活用事例はほとんど押さえている。

●営業部長：B氏

在籍30年以上の大ベテラン。営業職からの叩き上げで現場への影響力は強いが、本社内の会議では英語の壁もあり、現場の意見を通すというよりは、本社の決定をいかに現場に軟着陸させるかに始終しがち。

●データサイエンティスト：C氏

デジタル化を目指す全社改革の一環で、データサイエンティスト人材としてアメリカ支社からの推薦で採用された、社内では初のデータサイエンティスト。機械学習の実装は、数式を直接プログラムに書き下すというこだわりがある。好きなプログラミング言語はＬＩＳＰ。

プロジェクトスタート

合同会議ではブランドマネージャーのA氏が、MR職による情報提供活動を「商品」、医師の反応を「評価」として見立てれば、Amazon や Netflix と同様のレコメンドエンジンが開発できるのではないかと提案した。医師の反応が良いコンテンツがわかっていれば、中間層のMRでもトップMRと同水準の活動ができるはずであり、データが蓄積されるほど精度は上がるので、できるだけ早く始めるべきだと主張した。営業部長のB氏も、トップMRのノウハウが何かしらの方法で全体に伝わるのであれば、それは営業部門が今抱えている問題に対する処方箋になるだろうと回答した。

データサイエンティストのC氏は、会議の場でサッとレコメンドエンジンに関する論文に目を通し、これであればレコメンドエンジンの実装は可能だと自信満々に回答した。続けて、MR職に配布されているタブレットにレコメンドを表示させるのであればまずはウェブアプリケーションとして開発するのがよいと主張すると、これまで社内の会議でこのような技術的な立場からの主張がなされたことはこれまでになかったため、参加者は大いに盛り上がった。結局、社内でも話題のプロジェクトとなり、初期開発予算として4千万円が即座に割り当てられた。

レコメンドエンジンの構築

データサイエンティストのC氏は、公開されているレコメンドエンジンに関する論文から、当時注目を浴びていたMatrix Factorization[2)]系のアルゴリズムを選択して実装を開始した。レコメンドの対象となる医師数やどのような活動を「商品」として割り当てるかについては、情報提供活動の中でMRが医師に紹介することが許されている資材を「商品」と定義した上で、今後の変更に耐えられるように可能な限りの高速化を施して実装された。

医師が受けた情報提供をどのように評価したかについては、訪問の都度医師に評価を尋ねるのは現実的ではない。また、客観的な顧客の行動から評価の値を作成しようとしても、日本においては医師がどのような処方を行ったかの情報は原則得ることができない。そこで、訪問後の活動報告の中で、各MRが自分の活動に対する医師の反応の良し悪しを評価として自ら入力することとなった。

三ヶ月後の合同会議の中で中間報告が行われた。医師からの評価についてはダミーデータを使用して、実際のターゲット医師に対して訪問計画を立てる流れを追いながらデモが行われた。訪問のスケジュールを決定すると、訪問先に所属している医師の一覧が表示され、そ

2)「行列因子分解」などとも呼ばれる、推薦システムに用いられる手法の一つ

れぞれの医師に対して推薦された資材が5件ずつ表示された。

販促用資材が表示されたことに対してブランドマネージャーのA氏は、現時点で使用可能な資材の数は20件程度しかなく、しかもその中には明らかに限定的なタイミングでしか使われないものが含まれているため、5件も推薦されるとほぼ何も絞り込んでいないのと同じことになってしまう、というフィードバックを返し、営業部長のB氏も賛同した。デモを行っていたC氏は、期待と異なる反応に少し戸惑ったものの、推薦する対象を資材から他のものに変更するのは容易なので、何を推薦するべきか決めてもらいたいと返した。すると、B氏は少し考えて、資材だけでなくどのような活動をするのか、例えば資材を使いながら処方に関する意見について傾聴する、といったような行動案も推薦してもらえるとよいと返答した。

結局、推薦の対象は資材と使い方に加えて、コンタクトチャネルの組み合わせで行われることになり、使い方についてはトップMRにアンケートを行い、できる限り多くのパターンを作るように依頼した。最終的には、推薦対象となる商品の数は10万件を越え、レコメンドエンジンが有効に機能しそうな数字を達成できたことでプロジェクトメンバーは安堵した。

運用開始とデータ確保の難しさ

自社でＡＩ（レコメンドエンジン）を開発するプロジェクトとして本プロジェクトは全社的に注目を浴び、社内イベントのたびにプロジェクトの進捗を尋ねられる営業部長のＢ氏は「稼働当初は何も学習できていないのでレコメンドはデタラメだが、データが集まるほど精度が上がる、まさにＡＩである」と繰り返し喧伝していた。

開発が完了し、いざレコメンドエンジンがリリースされると、事前に説明は受けていたものの全くデタラメなレコメンドが表示されることにＭＲたちは落胆した。そうしながらも、精度が改善されるのをＭＲたちは辛抱強く待つことになった。

しかし、半年経っても精度は一向に改善されず、痺れを切らしたブランドマネージャーのＡ氏がデータサイエンティストＣ氏に状況を確認するように伝えた。Ｃ氏が蓄積されている評価データ件数を確認すると、１日当たり70件程度しか入力されておらず、千人以上の医師と10万件以上の推薦対象を考慮すると、圧倒的にデータが不足していた。そこで、もっと入力量を増やすように営業部門に求めた。

営業部長Ｂ氏が、評価データの入力件数をＫＰＩとして設定し査定に反映させ、インセンティブを与えるようにすることで入力件数自体は増えたが、それでも一向に精度が改善することはなかった。後日の調査で明らかになったが、入力されたデータは少なくない割合で適当に入力されていた可能性があり、その影響で精度が改善しなかったと考えられている。

なんとか状況を打開しようと、A氏とB氏は、トップMRが何を見て行動を決定しているのかを改めて見直し、医師の処方に対する考え方や所属学会、病院でのポジションなどをレコメンドに取り込めないかとC氏に持ちかけた。しかしC氏は、Amazon や Netflix は属性情報のような旧来のマーケティングで使われた情報を使ってはおらず、評価という行動のみでレコメンドを作ることが最適であると譲らないため、データの蓄積を待つべきだとして事態は硬直化してしまった。

その後、何度かレコメンドエンジンの見直しが行われることになったが、デジタル化のはしりとして掲げられたプロジェクトのため取り潰すこともできず、さりとて良い解決策が見つかることもなく、現在に至るまでMRの入力作業とほぼ誰にも見られなくなったレコメンド結果が表示され続けている。

失敗の原因

●何の問題を解決するのかを深く考えずに実装してしまった

何を推薦するべきかをよく考えないままにアルゴリズムの選定を行ってしまった。今回に関しては、MRにとって限られた数の資材からどれを選ぶかはさほど問題ではないことは、最初に気づくべき点であった。

また、医師が必要とする情報に、どのような患者を診ているのか、参考としている医師は誰なのか、といった属性情報が強く反映されることが容易に想像できる中で、全く異なる強みを持つMatrix Factorization系のアルゴリズムを採用してしまったのは大きな問題である。

なお、商品数が少ないにもかかわらずレコメンドエンジンの開発に着手して、レコメンドする対象がないことに後から気づくというのは、本件に限らず様々なプロジェクトで散見される失敗である。

●必要なデータを収集するコストについて誰も見積もらなかった

推薦対象を増やすために追加された使い方に関する要件は、人に好まれる立居振る舞いのような項目が含まれており、これらをカテゴリー化すれば膨大な種類が発生することは容易に想像できたはずである。

さらにMRたちからすると、役に立つのかどうかが不明なシステムに、彼らは半年以上も情報を入力させられており、明らかに作業コストが期待されるリターンを上回る状況であった。押し付けられたインセンティブをもとに無理矢理やらされる状況では、入力の質が低下するのも仕方がないことである。

●破綻しているにもかかわらず、撤退できない

本件に登場するデータサイエンティストC氏はかなり極端な例だが、一方でレコメンドエンジンが本当に必要だったかどうかもわからないままプロジェクトを開始し、途中でやめられなくなったブランドマネージャーのA氏、営業部長のB氏も**サンクコストに囚われている**という点では同じである。

機械学習やＡＩ関連プロジェクトに関しては、立て続けの失敗でデッドロック化してしまうケースが散見されるが、**できるだけ早く見捨てて新しく課題を考え直した方がよい。**

CASE 6

分析を現場でどう使うか

例えば新築マンションを紹介するサイトのトップページを見れば、「静謐かつ緑溢れる環境でゆっくりとした生活を」や「最寄り駅から近く暮らしやすさ満点」などのキャッチコピーが踊っているのを目にするだろう。これらのキャッチコピーは、担当広告ディレクターによって自身の経験などをもとに苦労して作られている。しかし、そのキャッチコピーには本当に効果があったのか、もっと良いキャッチコピーはなかったのかなどの疑問には答えることができない。

そこでこれらの疑問に答えるために、機械学習を用いてより良いキャッチコピーを自動的に作りたいというのが今回の事例の動機、すなわち解決したい課題になる。

データサイエンティストの努力

Google などが自動翻訳を実現させているため、機械学習（自然言語処理）で自然な日本語の文章を作ることは容易と思っている人は多い。しかし、自然言語処理を用いて自然な文章を作ることは、実際にはとても難しい。特に「てにをは」などの助詞や接続詞の頻度が多く、これらの使い方ひとつでその文章がとても不自然になってしまう日本語では、他の言語（英語など）に比べて自然な文章を作る難易度が高い。Googleなどのテック・ジャイアンツにて、非常に才能溢れる多くの人間が膨大な予算と開発期間をもって、潤沢な開発環境上で開発に従事したからこそ自然な文章生成が実現できたのであって、たかが一個人が限られた予算と開発時間・開発環境においてできることでは到底ない。

それでも今回の事例に対して何らかの成果を出そうと、担当したデータサイエンティストは努力した。

自然な文章からなるキャッチコピーそのものを自動的に生成することは早々に断念したが、この課題を「その新築マンションのキャッチコピーに使うと効果が高いと予想される単語の推薦」という課題に変化させた。要するに「機械学習が良い単語を列挙するので、あとは人間がそこから適当な単語を選び、自然な文章（キャッチコピー）を作るだけの状態にする」というシステムを作ることで、完全な文章の自動的な生成までには至らなくとも、キャッチコピーを作成する担当広告ディレクターの工数を削減できるようにしたのである。

これを実現するため、まずは新築マンションの紹介ページに記載されている、マンションを説明する様々な文章を収集し、名詞・動詞・形容詞・形容動詞という日本語において実質的な意味を持つ品詞のみを形態素解析により抽出した。それらの単語をＬＤＡなどのトピックモデル[1)]を用いていくつかのトピックに分類することで、あるトピック（意味）を表すためによく使われる単語を収集した。例えば、以下のようなトピックと単語である。

・環境トピック：静謐な、緑豊か、郊外
・子育てトピック：保育園、小学校、病院
・設備トピック：エントランス、オートロック、24時間監視

次に、新築マンションの紹介ページのインプレッション数とクリック数を収集し、マンションの（価格・大きさ・広さなどの）ハードウェア条件と各トピックを特徴量とし、広告

1)　一般的なテキスト分類では、各文書は一つのトピックに紐付けられる。例えば、オリンピックに関するニュース原稿はスポーツトピック、衆議院選挙に関するニュース原稿は政治トピックなどである。しかしＬＤＡ（Latent Direchlet Allocation）などトピックモデルと呼ばれるモデルは、一つの文書が複数のトピックを確率（分布）として持つことができると仮定している。例えばオリンピックに関するニュース原稿はスポーツトピックが92%、政治トピックは４%だが、オリンピックに関わる政治の問題は両方のトピックを高い確率で持つとすることができる。このことによって文書の意味をより正確に把握することが可能となる。

効果（ここでは指標としてＣＴＲ[2]を用いた）を予測するモデルを作成した。要するに、マンションのハードウェア条件から、そのマンションのキャッチコピーとして良い（つまり広告としての効果が高い）であろうトピックの予測を行った。例えば、

「郊外のマンション」→環境トピックと子育てトピックの広告効果が高い

「都心のマンション」→設備トピックと交通の便トピックの広告効果が高い

のような関係である。最後に、広告効果が高いトピックの単語の中からハードウェア条件に見合った単語をさらに選別し、最終的な候補単語とした。例えば、設備トピックが良いとされていても、オートロックがないマンションからはオートロックというキーワードを削除するなどの処理である。

これらの技術を確立するために二年以上を要したが、生成した候補単語を広告ディレクターに評価してもらう段階になり、プロジェクトは完全に頓挫した。担当したデータサイエンティストの努力は実ることはなかった。

頓挫した理由

このプロジェクトは開発側が主体となり進めていたものであり、恩恵を受ける広告ディレクターを巻き込んで行われたものではなかった。よって、広告ディレクターが本当に困っていること、必要としていることのヒアリングや共有はなく、純粋に開発側の目線で進められていた。

広告ディレクター側からすると、単語のリストを突然渡され、「これをどう思うか」と聞かれても、何をどう評価してよいかわからず、当惑したことだろう。また、複数の手法を複雑に連携させ用いたことにより、何が最終的な評価値で、それがどのような精度を持つのかという情報を提供することができなかった。これも評価を難しくした原因の一つであると考えられる。

さらに、純粋に開発目線で進められていたため、「効果的なキャッチコピーを作る」「キャッチコピーを作る広告ディレクターの工数を削減する」という本来の目的は疎かにされ、機械学習および自然言語処理を実装すること自体が目的のようになってしまった。これ

---

2) Click Through Rate：その広告が表示された回数（インプレッション）に対する、その広告がクリックされた回数の割合

では現場の広告ディレクターの共感は得られず、たとえ開発が進んだとしても、またどこか別のところで別の問題が発生したであろう。

学び

●分析・機械学習を用いるプロジェクトは、必ず現場担当者と定期的な打ち合わせを行い、**真に求められるもののヒアリングから正しく効果的な問題設定をすべき**である。

●最終的に達成したい問題が長大で困難な場合、それを**細かく実現可能な問題に分解し、分解された問題のそれぞれに対して評価を行い、段階的に達成していくべき**である。

○最終的な問題を完全に解決しなくても、一部の問題を解決しただけで十分だと判断された場合は、そこで終了する決断をするべきである。

○一般的なシステム開発であっても、ＭＶＰ[3)]から作り始めるべきである。

●問題を解決する手段はできうる限りシンプルなものであるべきで、その意義や効果を現場担当者と共有し、理解と共感を得るべきである。

○分解された各問題に対し、それを評価する指標を正しく定め、その可視化やビジネス

ＫＰＩへの効果を含めて、情報共有する必要がある。

●分析・機械学習はあくまでツールであり、それ自体を目的にしてはならない。

3) Minimum Viable Product：必要最小限な機能を持つ製品

CASE

7

ほとんど故障しない製品の故障予知

エレベータを製造するX社のIT企画部部長I氏は、以前から付き合いのあった関連会社Y社のビッグデータ事業部営業部長のA氏に「うちもビッグデータを使って新しいことを始めたいんだけどなにかできませんかね?」と相談を持ち掛けました。Y社においてビッグデータ事業部は立ち上がったばかりであり、営業部長として早期に売上を立てたかったA氏は、同じく最近社内で立ち上がった故障予知を扱うデータサイエンスチームのM氏を思い出し、「エレベータの故障はなにより人命に関わるし、これを事前に予知してメンテナンスすることができればビジネスインパクトは大きいだろう。M氏も部署の立ち上がりで成果が欲しいだろうから、きっとなんとしてでもやり遂げてくれるはずだ」と考えました。大急ぎで提案書とセットで三ヶ月間のPoCの契約書を作成し、I氏からの発注を受けてプロジェクトがスタートしました。

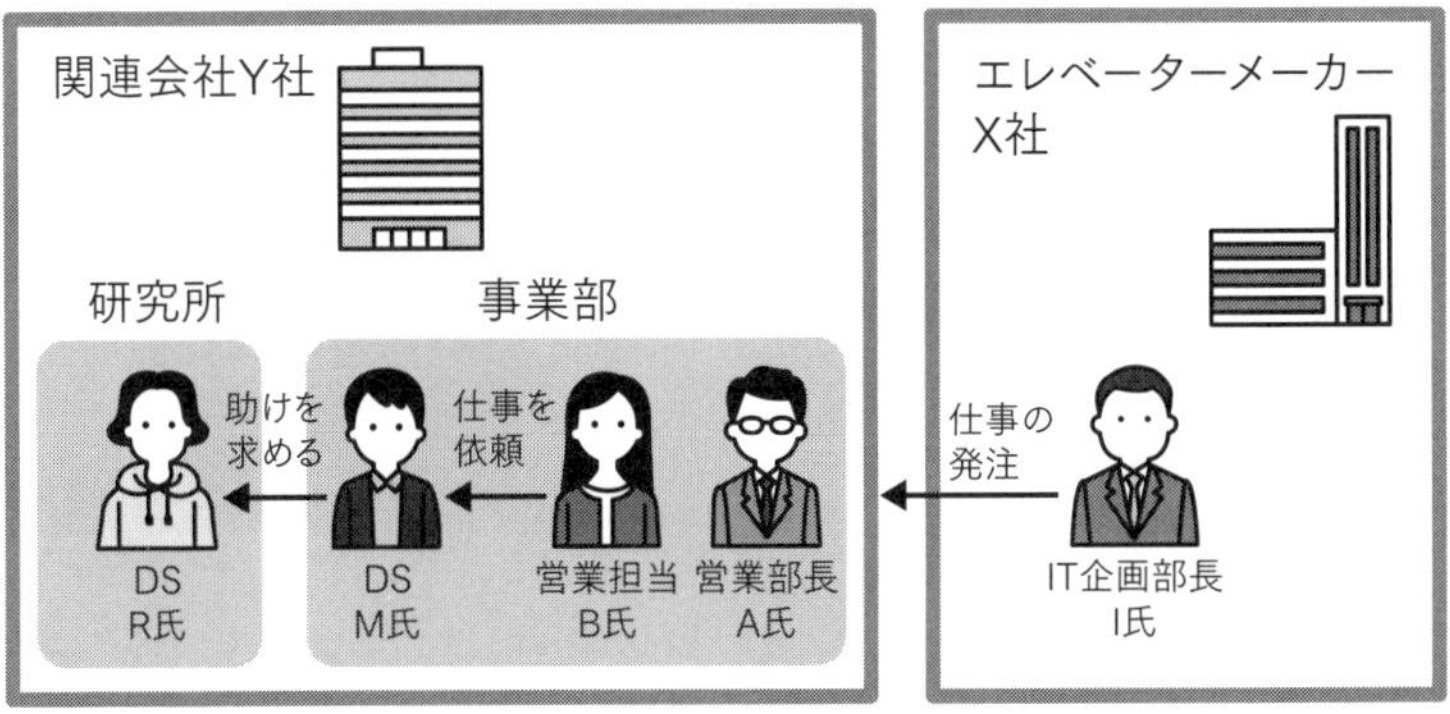

ステークホルダー

●エレベーターメーカーX社

IT企画部長：I氏

●関連会社Y社

ビッグデータ事業部　営業部長：A氏
ビッグデータ事業部　営業担当：B氏
ビッグデータ事業部　データサイエンティスト：M氏
研究所　データサイエンティスト：R氏

データ分析の開始

営業担当のB氏は、早速X社から故障の発生データと、製品がどのように稼働しているのかを記録するために、エレベーターに取り付けられたセンサーのログデータを取得し、M氏に手渡しました。故障の発生データは

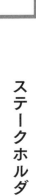

図１　センサーの値のヒストグラム

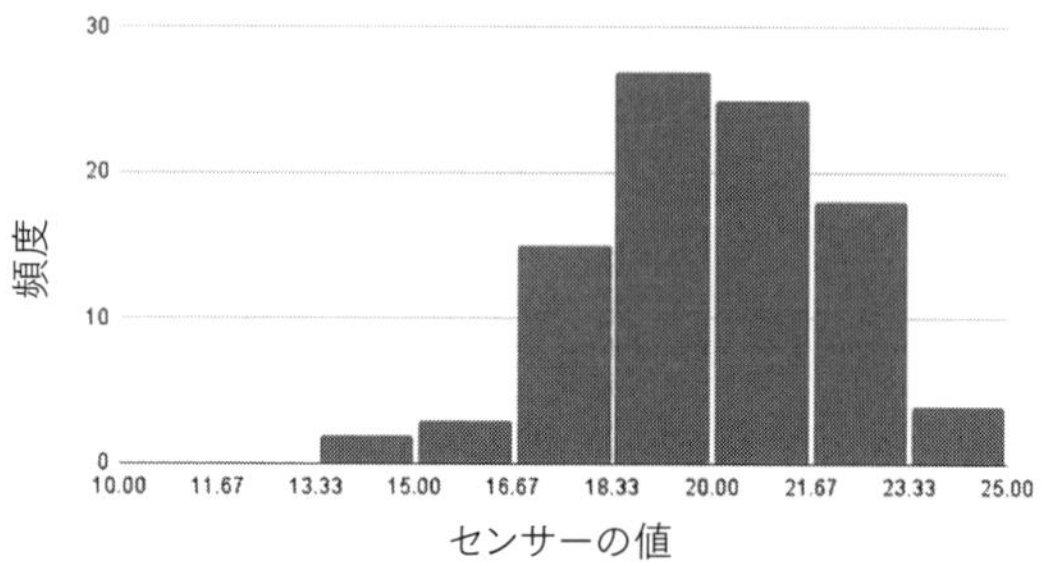

図２　センサーの値の時系列データ

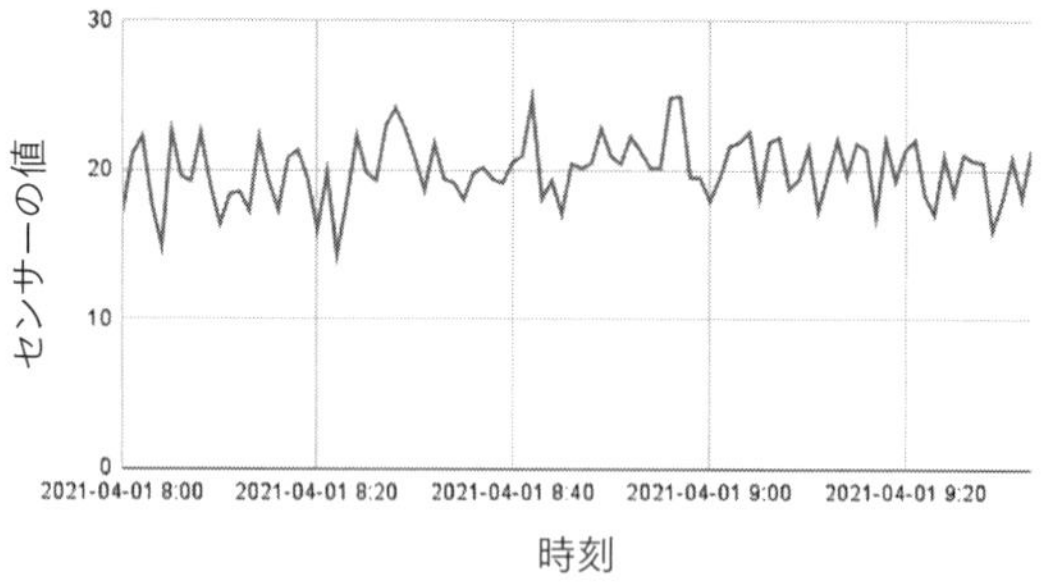

エクセルファイル、稼働ログデータはＣＳＶファイルの形式でしたが、それぞれフォーマットが整備されており、データのレイアウトが崩れてしまっていたり、入力されたコード値の意味が不明であったりといったデータクレンジング上の問題は起きず、データ分析へスムーズに移行することができました。

まずＭ氏は、故障予測を行うための準備として、センサーがどのような値をとっているのか、その値がどのように推移しているのかをヒストグラムや折れ線グラフ（図１、２）で可視化し、初期分析として、クライアントであるＩ氏への初回報告を行いました。Ｉ氏は満足そうな様子で、Ｙ社のメンバーに「やっとうちもビッグデータを使った取り組みが動き始めた。これからも頑張ってほ

図３　理想的な故障予測のグラフ

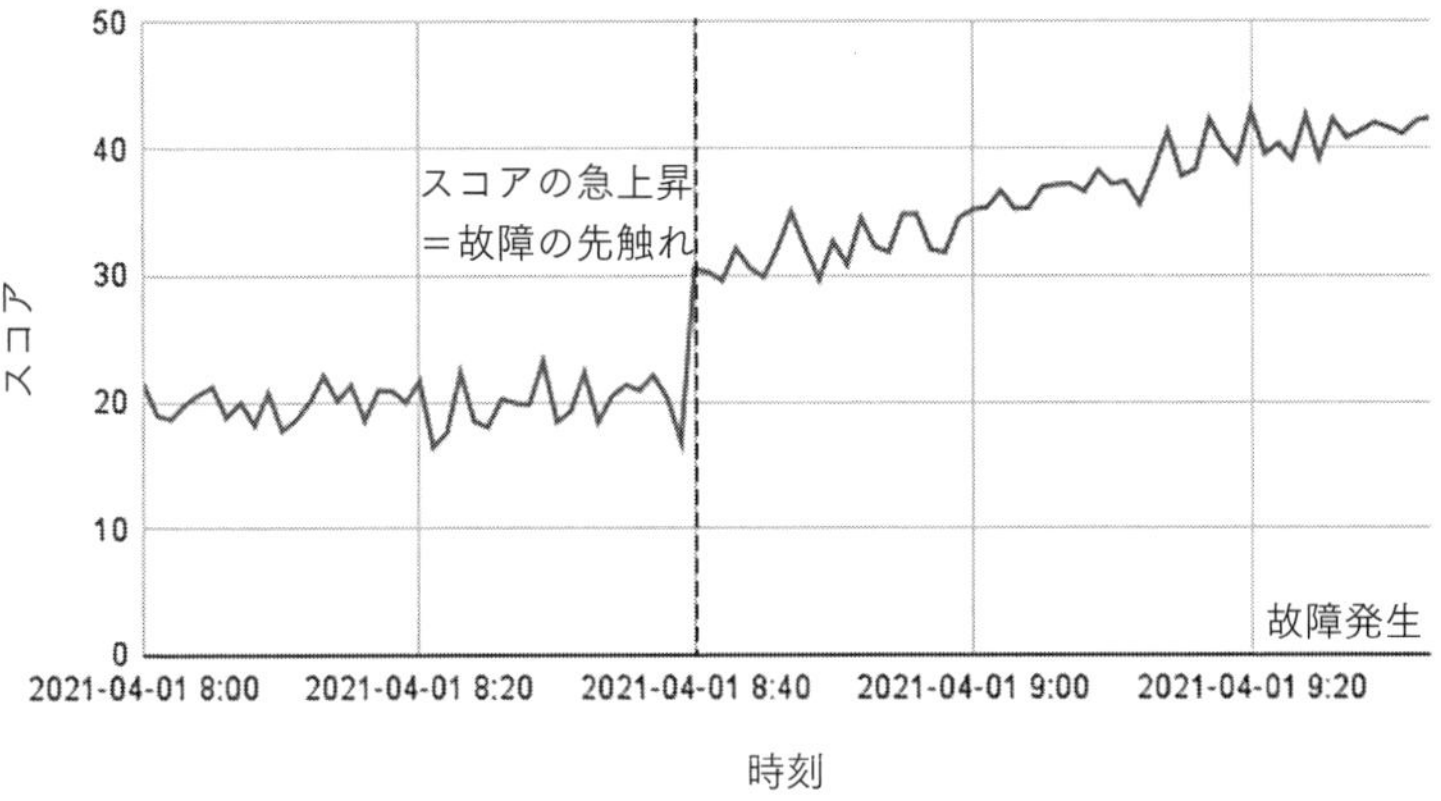

しい」と激励の言葉を送り、プロジェクトの滑り出しは順調でした。

上がらない予測精度

故障予測では、センサーなどによって記録された時系列のデータを使って、将来のある期間に故障が発生する危険度のようなスコアを計算します。図３で示すように、事故が起きる前にこのスコアの値が急上昇すれば、故障を予知できることになります。

M氏はいきなり複雑なアルゴリズムに飛びつくことなく、まずは故障前にいずれかのセンサーが特徴的な値を示していないか、ということから堅実に調べ始めました。しかし、すべてのセンサーを調べたものの、簡単に故障を予知できるような特徴を見つけることはできませんでした。そこ

		予測	
		異常	正常
実績	異常	2	47
	正常	10	5640

で、複数の種類のデータを取り込んで予測を行うことができる機械学習のアルゴリズムに賭けることにしました。また、単純に機械学習のアルゴリズムにデータを当てはめるだけでなく、センサーが検知している情報を考慮して組み合わせることで、より故障の予測に使えそうな値を作成する特徴量エンジニアリングと呼ばれる手順も実施しました。

このように様々な機械学習のテクニックを駆使したものの、表にあるように49件あった故障発生（異常）に対しわずか2件しか予測できておらず、実用性のある予測精度には遠く及ばないまま二ヶ月が過ぎてしまいました。プロジェクト開始当初は好意的であったI氏も、（PoCとは検証が目的であることをすっかり忘れ）「このまま精度が出ないならこのPoC案件の検収はできない！」と声を荒らげるようになってしまいました。しかし、M氏がどれほど工夫を凝らしても、精度は改善しませんでした。

ビジネス理解とコンセプトの喪失

そんなクライアントI氏の様子とプロジェクトの進行状況を見た担当営業のB氏は、同じ

Y社の研究所に所属するR氏にサポートを依頼することにしました。R氏は、同じデータサイエンティストであるM氏がすでに様々なデータ分析のテクニックを試していたことは聞いていましたが、それらの細かいテクニックに深入りせず、まずは基本に立ち返り、CRISP-DM[1)]と呼ばれるデータ分析のフレームワークに則って進めることにしました。

R氏はビジネス理解のフェーズとして、エレベータが製造、設置されてから運用保守されるまでの流れを詳しくヒアリングし、どのような運用や規制があるのかについて整理しました。その結果、エレベータは人命に関わる製品のため法律で定期的な点検が義務付けられており、しかもX社の製品は業界内でも品質が高いため、故障がほとんど発生しないか、発生した場合でも大きなコストが発生するような故障はほとんどない、ということが明らかになりました。

さらに、故障の詳細をヒアリングしていくと、その原因は「ドアに人が激突した」「傘がドアに挟まった」など偶発的なものが大部分を占めており、部品の摩耗や劣化を想定したセンサーデータによる故障予測の手法は、明らかに適用できそうにないこともわかりました。

つまり、故障は発生件数が少なくビジネスインパクトに欠け、多くがセンサーデータから

1) CRoss-Industry Standard Process for Data Mining：データ分析を行う際に、ビジネス理解、データ理解、前処理、モデリング、評価、実装、とフェーズを区切って進める手法

予測できるような事象ではないため、技術的な実現性も存在しないことが明らかになってしまいました。当初想定していた検証するべきコンセプトは、複雑な手法による分析を開始する前に明らかにできたはずです。

解決するべき課題の再設定

Y社のメンバーは、このビジネス理解の結果として故障予測は諦め、QC7つ道具[2]と呼ばれる、従来、工場で作られる製品の品質を定量的に管理するための手法に沿って分析を進めることにしました。そして、故障の発生と関係する要因を検討するなかで、設計と故障の関係に着目し、故障しにくい設計について示唆することで、プロジェクトを完了させることができました。

また、プロジェクトを立て直す過程で、故障や稼働データをもとに調査範囲を広げて様々な部署と議論をしていくことで、「保守営業は必要な工具や部品を車に積んで回るものの、

現場では必要なものが足りないため取りに戻るという時間の無駄が発生している」という課題を見つけることができました。部品交換などの保守であれば、どの程度ドアが開閉したかなどの稼働データから必要な部品を予測できる可能性が想定できたため、このアイデアを次のPoCのテーマとしたことで今回の案件は消滅せず、継続できることが決定しました。

失敗に対する振り返り

●データ分析フレームワークの重要性

万能ではないものの、CRISP-DMのフレームワークに沿ってプロジェクトを進めることで、早い段階でPoCの問題に気づけたはずです。データサイエンティストM氏は、データ理解以降は堅実な手順を踏んだものの、最初の時点で間違っていることに気づかずに悪戦苦闘した挙句、振り出しに戻る事態となってしまいました。このような手戻りを防ぐために分析のフレームワークは効果を発揮します。

2) Quality Control（品質管理）を目的とした、パレート図やヒストグラムといった7つの分析手法のことを指す

●ビジネス目的の明確化

ビジネスでは、売上向上やコスト削減など、何かしらの明確な目的が必ず存在するはずです。売上の予測やＡＩチャットボットの導入はあくまで手段の話であって、**手段の目的化が起きないように注意が必要です。**手段の目的化を防ぐ一つの方法は、分析結果やモデルが理想的な結果を出力した場合をイメージすることです。理想的な結果をイメージしたときにビジネス上の利益が得られない場合は、そのプロジェクトの方向性が間違っていることを意味します。

今回の例では、故障予測が１００％できると仮定した場合に何が起きるかを想像すれば、そもそも故障頻度が少なくコストもそれほど大きくないことに気づけたはずです。再設定したテーマについては、保守内容を１００％予測できたとすれば、工具や部品を取りに会社に帰る回数をゼロにすることができるので、今発生している移動時間分のガソリン代や人件費の削減がビジネス上の利益につながります。

この効果が期待するビジネスインパクトを満足するのか、といった視点で見れば、進めるべきかどうかの判断をより早期に行うことができます。

●枯れた手法の活用

データ分析では、ついＡＩや最先端の手法を使うことに意義を見出しがちですが、**実務を**

通じて洗練されてきた従来の手法（筆者は良い意味を込めて、よく「枯れた手法」と表現します）を使うことで、先行事例を応用することができたり、深く検討するべき領域を効率的に絞り込むことができたりします。今回の例では、製造業の品質管理で使われるＱＣ７つ道具などが該当します。

データ分析であっても、最終的にはビジネス上の目的を達成するための活動なので、少ないコストで目的を達成できればそれに越したことはありません。

CASE 8

AIという言葉の曖昧さ

2021年の本稿執筆時点において、デジタルトランスフォーメーション（DX）という言葉は地方の非IT系企業にも大きな影響を与えていた。本稿では、データサイエンス・DX・AIプロジェクトの外部アドバイザーとして参画した際に感じた内容についての紹介である。

クライアントはビルマネジメントを手掛ける企業であり、**「節電をテーマにAIでなにかできないか」**というざっくりしたお題からプロジェクトはスタートした。

ステークホルダー

●**クライアント：**地域屈指の設備会社。ビルマネジメントを手掛ける。

P氏：プロジェクトマネージャー。DXプロジェクトの初めての担当。

D氏：DXを勉強中のメンバー

I氏：情報システム兼務の新人メンバー

●分析者サイド

N氏：データサイエンティスト。東京で10年ほどAIやデータサイエンスのプロジェクトに関わる。地方・非IT系企業での案件は初めて。

失敗に至る経緯

以下、プロジェクト進行の順序に沿ってプロジェクト開始からベンダー選定までの流れを説明する。

1．誰もDXやAIを知らない状況でのスタート

トップダウンで社内メンバーを集めてDXのプロジェクトを開始した際に往々にして生じるのが、社内に誰もDXやAIのプロジェクト経験者がいない、という問題である。

今回のプロジェクトでも例に漏れず、経験者不在の状況であった。P氏はもともと設備系の担当者で現場の知識や業務調整を得意としていたが、DXやAI以前に、IT開発のプロジェクトとしては今回が初めての担当となった。また、情シス兼務のI氏においては入社からまだ日が浅く、社内業務について理解を深めている状況である。

技術研究のタスクの一環で様々な外部の勉強会に顔を出し、唯一情報を収集しているD氏は、AIやDXという言葉が一人歩きしている社内の現状に危機感を感じ、「転ばぬ先の杖」として、データサイエンティストのN氏をアドバイザーとして参画してもらうように働きかけた。

2. AIに対する過剰な期待

今回のプロジェクトは「節電をテーマにAIでなにかできないか」というざっくりしたお題でスタートした。特に、課題解決というよりはAIという新技術を使ってみたい、という思いや憧れが先行していた。

このAIに対する過剰な期待は、東京でも2015〜18年頃に多く見られたものであり、地方においても同じような状況が起きつつあった。

通常、技術に対しての期待が高すぎる場合、どのようなアウトプットを出してもプロジェクトは評価されない。N氏はプロジェクトキックオフの冒頭で開口一番に「現在のAIは皆さんが想像しているより全然万能ではないですよ」と釘を刺した。

3．とりあえずやってみよう、の危険性

DXやAI開発のプロジェクトには通常のIT開発の面以外でも、様々な罠（不確実性）が潜んでいる。今回の節電プロジェクトにとっても、ビジネス的な費用対効果が見込めるのか、それはAIでないと解けない課題なのか、データはあるのか、実験はどのようにデザインするのか、AI開発後に必須なAIのメンテナンスチームの組織・育成はどうするのか、など検討する項目は実に多岐にわたる。

そのため、大まかなビジネス設計などのストーリーを構築し、課題によってはAI以外の手段で解決できるリーズナブルな方法も並行して検討することが重要である。しかし、プロジェクトの実行責任者であるP氏は「問題は起きたら検討するので、**まずはやってみて考える**」という方針を崩さなかった。

その結果、「最低限採算が取れるようにラフでもよいので全体の設計を」と何度も主張したアドバイザーのN

氏の提案も受け入れられず、結果としてプロジェクトの終盤ではマネタイズがボトルネックとなり、なし崩し的に「ビジネス上の採算が取れなくてもとりあえず研究開発名目でやってみよう」というあまり良くないシナリオとなった。

4. 手段の目的化による迷走

「節電」と一言に言っても様々なアプローチが検討可能である。有名なのは深夜帯の安い電力を使った蓄冷などの仕組みの構築や、照明のＬＥＤへの切り替え、電気代の多くを占める冷暖房設備の最適運転などである。

通常であれば、課題解決の際にはＡＩを使う・使わないにかかわらず、解決に向けた方法を複数検討するものである。

アプローチのステップとしては

①改善幅の大きな要素を見つけ出し、
②ＡＩを組む前に、見える化などでもっと簡単な手段による解決方法がないかを探り、
③さらに改善する場合は、ＡＩや予測モデルの開発に取り組む

というのが常套手段ではある。しかし、本プロジェクトでは①と②を飛ばして、③のＡＩ開

発ありき、という取り組みとなっていた。

その結果、①と②だけであれば恐らく1～2千万円程度のＰｏＣであったものが、③という要件が必須事項として絡むことで、プロジェクトのコストは通常の五倍、十倍に膨れ上がってしまう結果となった。

（百歩譲って）仮に「ＡＩプロジェクトを立ち上げる」がゴールであれば上記の流れも多少は理解できるが、継続的なＤＸ組織プロジェクトの運営においては、やはり費用対効果を意識したプロジェクト運営が必須である。筆者個人としては決裁者への期待値をコントロールし、かつ現実的な解決法の落としどころを見つけるのが実はプロジェクトマネージャーの一番重要な仕事ではないか、と考えている。

5．ベンダー選定まではなんとか漕ぎ着けたものの……

今回のクライアントの内部には、ＡＩ開発のノウハウを持った人材が不在であった。そのためＮ氏は、ＲＦＰ[1)]の作成支援から入り、外部ベンダーの選定によるプロジェクト推進の形で調整を行うこととなった。

ＲＦＰの作成、各社への打診と提案の募集、そして十社程度の外部ベンダーの面談への同

1）Request for Proposal：提案依頼書

席もN氏は行い、最終的に三社まで絞り込んだ候補から、クライアントが一社を選定した。

なおそのうち有望だった一社は、前述のアプローチのステップ①と②の工程がないことを懸念し、この状態では発注者・受注者の双方ともリスクが高い、と辞退の申し出をされた。（逆に、その企業の優秀さと誠実さが感じられる一幕であった。）

その後、P氏としては開発・分析業務を依頼するベンダーの選定は完了し、あとは彼らに任せればよいと判断したため、アドバイザーとしてのN氏の支援はここまでとし、N氏は本プロジェクトから離れる形となった。

（後日談）

一年後、プロジェクト初期にN氏から指摘のあったビジネス上の費用対効果の点が課題となり、プロジェクトとしては大きな壁に直面し、方向転換をせざるを得なくなった。ある意味しっかりとアドバイスを受け入れていれば予見できた課題ではあるものの、やはり一度失敗を経験しなければ、なかなか理解し難い観点もあったのかもしれない。

今回はいくつかあるプロジェクトの一つの事例であったが、DX推進という組織としての視点では、失敗も含めて社内に振り返りと知見が溜まる体制を構築できるかどうかが鍵になるのではないか、と感じている。

失敗の原因と対策

本プロジェクトでは色々な失敗の原因が考えられる。以下、二点について触れる。

●「AI」と聞いて連想するもの」の曖昧さによる失敗

AIと聞いて連想する内容は人それぞれである。人によっては万能ロボットを連想する場合もあれば、データサイエンスの同業者であれば機械学習の各モデルなどを思い描くケースもある（次の表を参照）。

いずれも広義のAIとしては正しいものの、プロジェクトにおけるAIという文脈は認識を揃える必要がある。**AIという単語を安直に使わず、他の言葉に置き換えるとどのように表現できるか、という点に気を付けると認識の齟齬も減る**ように思われる。

●本当に解決したかったことはなにか

「AIを作りたい！」という顧客の声の裏側には、その目的が潜んでいることが多く、またそれらは必ずしもいわゆる予測モデルなどの狭義のAIを作ることが最適な解ではないケースがある。「節電をしたい」と一言に言っても、その課題を解決する方法は様々である。

プロジェクトに参画する立場としては、クライアントからの「AIプロジェクト」という

表：AI開発と言われて連想するものと実現可能性

AIと聞いて連想するもの	立場	実現可能性
万能ロボット	一般の人	汎用人工知能はまだ未来の技術。ロボティクスの課題も含まれる。
自動運転	AIやDX勉強中の人	複合的なシステムとして実現。画像処理だけやればよい、というわけではないので非常に高難度。 （高速道路に限定して実施、などが多い）
アルファ碁／強化学習／深層学習	AIやDX勉強中の人	予算・計算リソースが潤沢にあれば実現可能だが、アルファ碁クラスのシステム開発は真面目にやると予算不足で困難なケースが多い。（数十億円規模の電気代やサーバ維持費などが払えるかどうか）
RPA（Robotic Process Automation）	ITコンサル	ITをベースとした自動化。業務プロセスに合わせて実現可能。
ルールベースのモデル／簡易の予測モデル／BI／探索的なデータ分析	データサイエンティスト	人間の知識をベースとした予測モデルの構築や探索的なデータ分析。多変量解析と比較して条件がシンプルなため、説明しやすい。
多変量解析／高度な手法による予測モデル（深層学習など）	データサイエンティスト／AIエンジニア	上記のルールベースのモデルなどをベンチマークとして、さらに改善したい場合に着手。ただし、相応の分析コストは発生する。
画像認識／自然言語処理／音声認識	データサイエンティスト／AIエンジニア／研究者	信号処理の分野では一定の成果が出ているが、分析者によってそれぞれ得意分野が異なる。

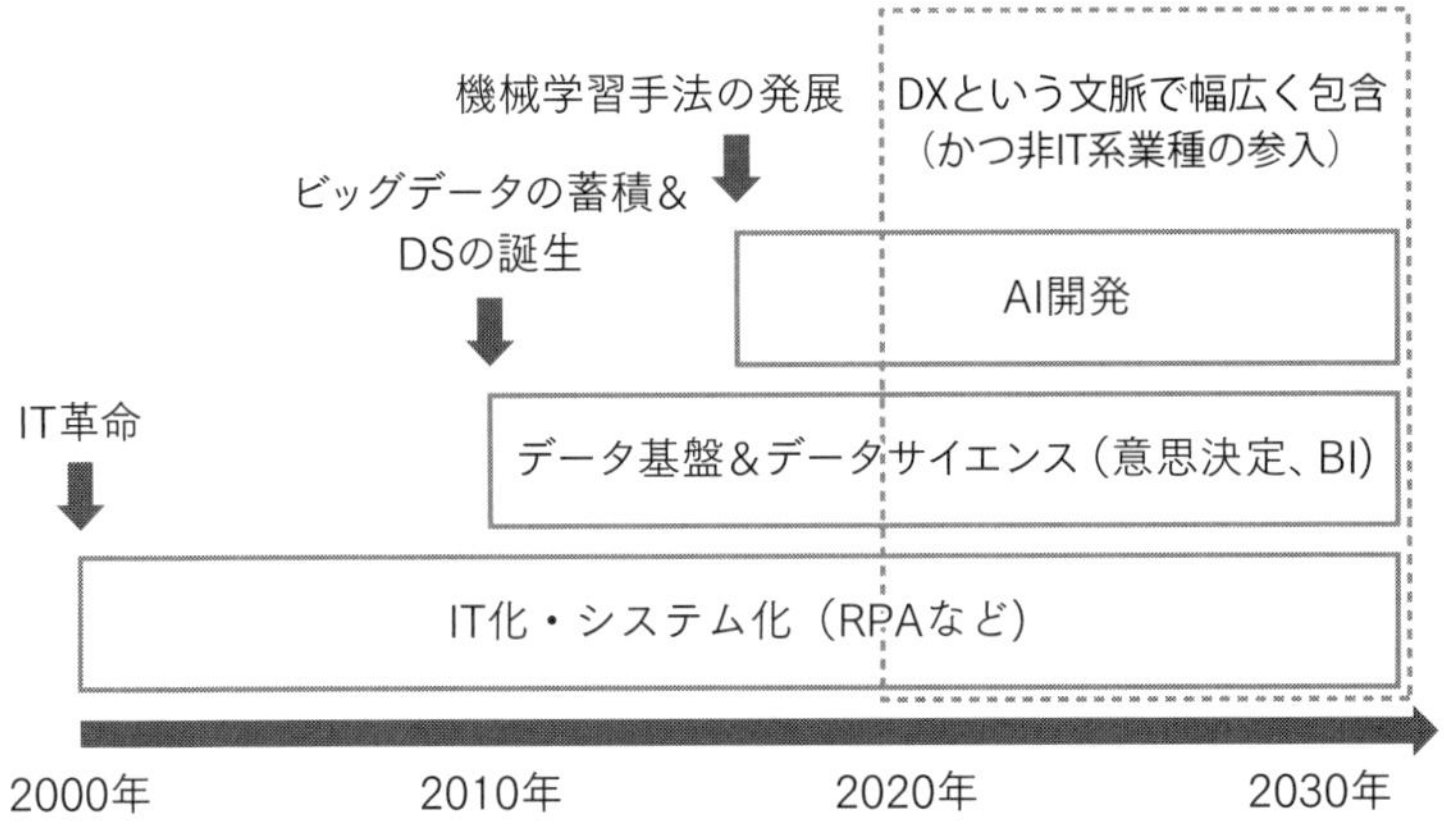

言葉に引っ張られ思考停止になることなく、予測モデルで解くべきか、それともＲＰＡなどのＩＴツールの導入支援をするべきか、はたまたそもそもの節電オペレーションの改善を提案すべきかなど、「ＡＩ以外のソリューション」についても比較検討し、交通整理を行うことが重要となる。

今後、初めてＡＩやＤＸのプロジェクトに取り組む初学者の人にはなかなか区別がつかない、ＡＩの限界や、どのようなアプローチがオススメなのかをジャッジするのもＡＩ開発者やデータサイエンティストの果たすべき重要な役割だろう。

また、ＤＸという文脈では、ＩＴ、データサイエンス、ＡＩがごちゃ混ぜになって語られることが多いため、上の図のような整理をしつつ双方の認識のすり合わせを行い、ＩＴ化・システム化からステップを踏んで用いるアプローチを検討することをお勧めしたい。

（余談）AIという言葉の認識にギャップがある背景

ここまで「AIという言葉に対する認識の違い」についての話をしてきたが、そもそもなぜこのようなギャップが生じるのだろうか。それは「クライアントの本業がAI関係ではない」という点だけでなく、「AIやデータサイエンス、ひいてはIT業界に関与する人の数が実はまだまだ少ない（マイノリティである）」という点が挙げられる。

データサイエンティストの国内での従事者数については正確な数は出ていないものの、2021年時点の筆者の肌感覚では、数万人から多くとも十万人以下である。仮に多く見積もって十万人と仮定しても、労働人口の6千8百万人との比でいうと0.2％未満と言うのが現状で、まだまだ身の回りに気軽に相談できるデータサイエンティストは少ない状況だと感じる。（AIに絞らず、IT業界関連の従事者ですら4百万人程度と、全体の労働人口の6％程度にすぎない[2)]）

国もデータサイエンス学部の設立など、データ人材・DX人材を増やす取り組みに力を入れているものの、一般の企業にまで人材が供給されるにはまだまだ時間がかかることが予想され、DXやAIプロジェクト推進の際の有識者不足と不確実性は高い状態が続くと思われる。

2) 参考：情報通信産業の雇用者数は、2016年時点において394・9万人で全産業の5.8％
https://www.soumu.go.jp/johotusintokei/whitepaper/ja/h30/html/nd251130.html

CASE 9

そんな目的変数で大丈夫か

ウェブ広告には、大きく分けてリスティング広告とディスプレイ広告の二種類がある。前者のリスティング広告は、Googleなどの検索サイトで特定のキーワードで検索したときに、そのキーワードに関する広告が検索結果とともに表示されるものである。一方、ディスプレイ広告は、ユーザーが特定のサイトを訪れたときに、そのユーザーのこれまでのアクセス履歴などから想定されるユーザーの好みに応じて、画像などの広告を表示するものである。リスティング広告は検索キーワード、ディスプレイ広告はユーザー情報をもとに、どの広告を表示するかを決めるという大きな違いがある。よって、リスティング広告はユーザーが検索したまさにその瞬間の興味に対する広告、ディスプレイ広告はユーザーが持つ長期的な興味に対する広告を表示しているといえる。例えば、あるユーザーが転職に興味を持ったので、「転職」というキーワードで検索した瞬間に表示するウェブ広告がリスティング広告であり、その人が数ヶ月間様々な転職サイトを訪問した結果、その他のサイトでも転職に関する広告が出てくるのがディスプレイ広告である。

リスティング広告にも、ビッグワードとスモールワードの二種類がある。ビッグワードは、検索の回数が多いであろう、どちらかといえば抽象的な検索キーワードである。例えば、引っ越しを考えている人が「賃貸」というキーワードで検索した場合、様々な賃貸物件紹介サイト（のトップページ）が広告として検索結果ページに表示される。これがビックワードの典型的な例の一つであり、抽象的で検索される回数が多いと思われるキーワードに対し、より多くのユーザーを招き入れるために、トップページなどおおもとのページに誘導する広告を表示する。これに対し、スモールワードはより具体的で意味が限定され、検索される回数も（ビッグワードに比べると）少ないと想定される検索キーワードである。

例えば、引越し先として中目黒で1LDKの物件を探したいユーザーは「賃貸 中目黒 1LDK」と検索するだろうが、この「中目黒」や「1LDK」は「賃貸」に比べるとより具体的（「賃貸」というビッグワードから限定していくもの）であり、全体的に検索される回数も少ないと想定される。この場合、広告としては賃貸物件紹介サイトのトップページではなく、個別の物件のページに誘導した方が、ユーザーはすぐに興味がある物件の情報を手に入れることになり、ユーザーにも広告主にもメリットが多い。

このようなスモールワードのリスティング広告は、在庫が刻一刻と変わっていく商品と相性が良い。例えば前の例のように賃貸物件の広告を行う場合、その賃貸物件が契約された直後から、その物件に関する広告は無駄になるため、広告を出稿することをすぐにとりやめたい。また、同一賃貸物件がいくつもの賃貸物件紹介サイト（不動産仲介業者）で紹介されることが一般的なので、人気のありそうな賃貸物件ならば一刻も早く広告を出稿してユーザーに見てもらいたい。

しかし、スモールワードのリスティング広告の出稿（もしくは出稿のとりやめ）を担当者による人手で行うことは、非常に難しい。それは、単純にスモールワードや商品（賃貸物件）の数が多く大変であるという理由と、それらスモールワードに対する最適な商品の紐付けを各々のスモールワードに対して行うことがさらに大変であるという理由からである。

ところが逆に、このような場面にこそ機械学習を用いたシステム化は非常に効果的であるといえる。スモールワードと商品が大量にあるからこそ、機械学習が高精度に予測を行うことができると考えられるからである。今回の事例は、この賃貸物件に対するリスティング広告を機械学習を使って最適化するという技術的な発想（シーズ）から生まれた事例であり、ゆえにこれこそが今回の事例のビジネス課題であった。

環境と要件定義

一般的に機械学習をビジネスに用いる場合、機械学習はシステム全体の中のほんの一部であり、機械学習以前にまずは次のようなシステムを構築運用することが重要である。

①あらゆるデータがデジタル化され、生じるデータを自動的に集約蓄積するデータパイプライン

②データパイプラインによって集約蓄積されたデータ、そこから算出されるビジネスＫＰＩなどが可視化され、その可視化されたデータの継続的な監視とそれらのデータを用いた（データドリブンな）方針の策定

③データパイプラインにより機械学習の結果もその他のデータと同様に集約蓄積され、機械学習の精度を示す指標もビジネスＫＰＩなどと同様に算出され、さらに全体を、機械学習を適用するグループと適用しないグループなどに分け、比較検討を行うＡ／Ｂテストを実施できる環境

ウェブ広告の場合、ＲＴＢ[1)]を行う関係から、機械学習を行わないとしても、データパイプラインは構築しておく必要がある。よってウェブ広告は、機械学習と相性が良いビジネス分野であるといえる。

今回の事例もまさにこれに該当し、右記の三要件がすでに構築・運用されている状況であった。

そして今回の事例は、賃貸物件広告をリスティング広告、特にスモールワードに対して入札をすることを目的とするが、スモールワードといえども、そこから個別の物件を適用する

には、検索キーワードは意味が広く抽象的である。例えば「賃貸 中目黒 1LDK」という検索キーワードは、広告媒体からすれば正しくスモールワードであるが、これに該当する賃貸物件は数多く存在し、今回の事例の主体である広告主は、該当する物件の中からどれか一つを選ぶ必要がある。

このスモールワードに対し、広告を出したときに最も「効果が高い」であろう商品（賃貸物件）を予測することが、今回の事例の機械学習に求められる要件であった。

ウェブ広告における効果を図る指標としては、一般的にCTRが用いられる。今回の事例の機械学習における目的変数も、自然とCTRとなった。

また、その予測を行うために使う特徴量としては、賃貸物件の特徴を使うものとした。その特徴には、例えば、その賃貸物件の家賃、広さ（平米数）、部屋数、最寄りの駅からの所要時間、ビルの階数などという連続変数だけでなく、バス・トイレ別か、ペット飼育可か、南向きかというバイナリ変数もあった。

これらインプレッション、クリックのデータは広告媒体から、賃貸物件の特徴は不動産会社から連携され、データパイプラインによって自動的に集約蓄積されていた。そこで機械学

1）Real Time Bidding：広告媒体（SSP：Supply Side Platform）からの非常に多くの入札要求に、広告主（DSP：Demand Side Platform）が極めて高速に入札を行うこと

習に対して、これらのデータをもとに「効果の高い」、すなわちユーザーが興味を持つ要因を特定し、その要因をもとにＣＴＲの値が大きい賃貸物件を予測するようにモデルを作ることになった。

機械学習の設定と問題

目的変数がＣＴＲであることから、自然と機械学習の種別としては回帰が用いられ、その評価指標としては実際のＣＴＲと予測されたＣＴＲの誤差が用いられることになった。

しかし結論から言ってしまうと、この設定には根本的な非常に大きい問題があり、実装には困難を極めた。

その根本的な問題とは、目的変数であるＣＴＲが割合の値である、ということである。割合の値であるということは、なにかの値をなにかの値で割ったものであるということであり、ＣＴＲは実際クリック数をインプレッション数で割った分数で示される値である。そしてさらにＣＴＲの場合、分子に当たるクリック数も分母に当たるインプレッション数も固定値ではなく変動するものである。このような場合、分子の誤差が分母の誤差によって増幅され、全体として誤差の影響が非常に大きくなる。

このような分母も分子も固定値ではない割合の値は、そもそも目的変数とするべきではなく、予測も非常に困難である。

しかし、そのときには他に目的変数とすべき値もわからず、シンプルにCTRを予測する様々な回帰モデルを試してみたものの、どれもとても実用に耐えうる精度を出すには至らなかった。そこで、まずインプレッション数を予測し、その予測されたインプレッション数を特徴量に組み込んでクリック数を予測し、その結果としてCTRを計算するなど複数のモデルを組み合わせる手法なども様々なものを試してみたが、それでもうまくはいかなかった。

このプロジェクトは開始直後から、非常に大きな暗礁に乗り上げた。

ブレイクスルー

CTRはクリック数をインプレッション数で割った値であるため、各広告のCTRはクリック数とインプレッション数を二軸とした散布図上における点で表される。この散布図を描いたときに、あることに気づいた。

散布図は次の図のような形、まるでホチキスのような形をしていた。ホチキスの上の口、針が出る部分は、クリック数もインプレッション数もそこそこある、要するに「良い広告」であり、ホチキスの下の口、針を受ける部分は、インプレッション数は多いがクリック数が全くない「悪い広告」であり、ホチキスの根元の部分はインプレッション数もクリック数も

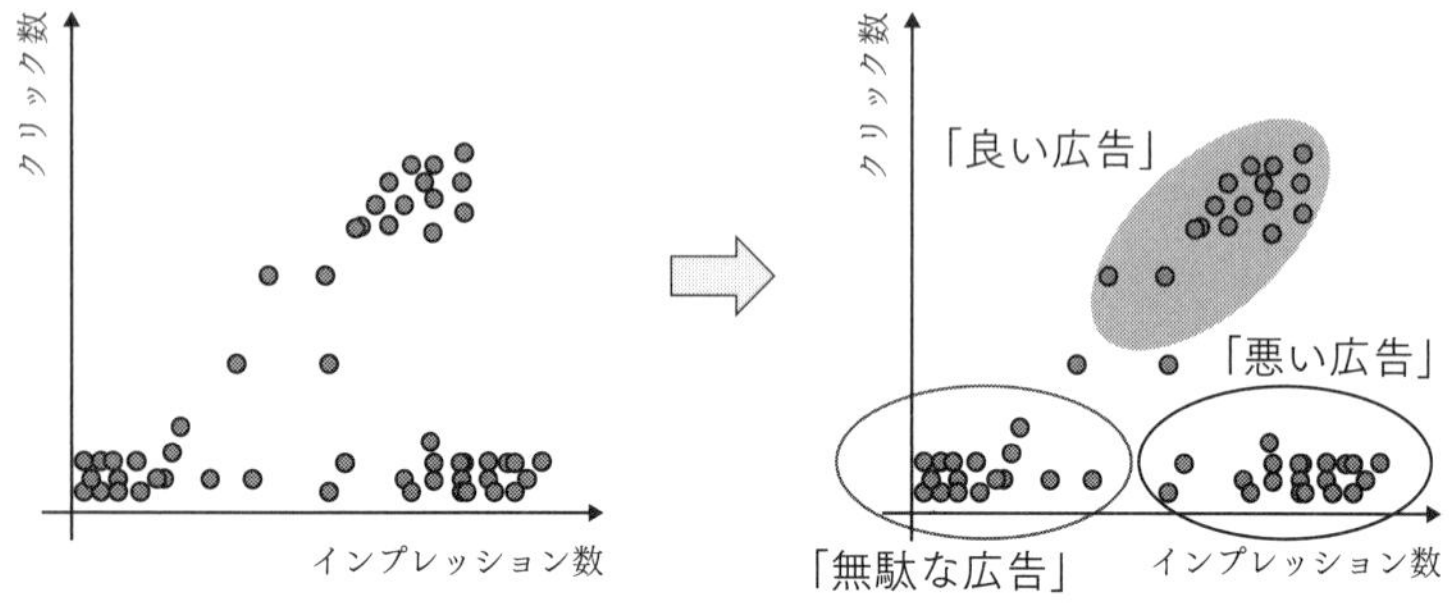

全くない「無駄な広告」である。

回帰はできなくても、「良い広告」「悪い広告」「無駄な広告」の分類はできるのではないか？

しかし、ただ分類を行うだけでは要件を満たせない。賃貸物件は、在庫の流動性が大きい商品である。日々新しい賃貸物件が追加され、契約することにより在庫からなくなっていく。よって、毎日在庫を更新し、スモールワードごとに在庫を紐付けるとともに優先度を付与し、優先度が高い商品を広告として入札・表示していくという運用が必要である。そしてこの優先度としてCTRを用いることを考えた。

CTRそのものの値を、優先度として用いるのであれば、「良い広告」群（クラスタ）に含まれる確率を優先度として用いればよいのではないか？

そこで、まずは広告を過去のインプレッション数とクリック数の2変数から3つのクラスタにクラスタリングし、それが「良い広告」であるクラスタとそれ以外のクラスタのどちらかに所属するかを物件の特徴から予測する分類問題に切り替えた。

そしてようやく、想定通り「良い広告」「悪い広告」「無駄な広告」とクラスタリングすることができ、「良い広告」の分類モデルは運用に耐えうる程度の精度を出すことに成功した。また、「良い広告」群に含まれる確率を優先度として用いることによって、システム的な要件も満たすことができた。

学び

ビジネス上、機械学習として回帰を用いるケースは多いと思われる。しかし、一般的に精度の高い回帰は（分類と比較して）難しい。回帰の精度が出ないので、機械学習の適用を断念するプロジェクトも多いのではないかと想像する。

また、回帰を評価する指標としては、一般的に平均二乗誤差ぐらいしかない。単に誤差の値を見せられても、それがビジネス上許容範囲なのかどうかの判断は難しい場合が多く、そのわかりづらさから拒絶されてしまうケースも多いのではないかと想像する。

しかしこのような場合に、ある値を回帰により予測することが本当に必要なのかを考慮することは、非常に重要である。

分類は（回帰と比較して）高い精度を示すモデルを作れる可能性が高い。またその指標として様々な値が存在し、プロジェクトのシステム的要件やセキュリティ的要件を鑑みて、相応しい指標を選び採用することが可能である。（予測過多を避けたい場合は適合率を採用し、予測漏れを避けたい場合は感度（真陽性率）を採用する、など）

例えば、商品の価格を予測し、その価格で売買を行うような、回帰から予測した値を直接利用するような案件では、確実に回帰が必要である。しかしそのようなケースでない限り、回帰が必要とされていても、それを分類問題として解釈し、帰着させることは可能なのではないだろうか。分類問題として帰着させることができるならば、回帰ではなく分類を用いるべきであると考える。

そして、このような発想の転換を発案し採用されるためには、**データサイエンティスト側にプロジェクトの背景・要件への深い理解が必要であり、発想の転換をビジネス側に理解してもらえるよう丁寧な説明を行う義務がある。**

今回の事例では、広告商品の設計側であるディレクターと機械学習エンジニアの両者が歩み寄り、議論を重ねて良いコミュニケーションが実現したことにより、このような大胆な発想の転換がプロジェクト内で受け入れられ、採用・実装そして運用を行えるまでに至った。

機械学習はデータという客観的な事実をもとに学習・判断し自動的に最適化するものであるが、そこから恩恵を受けるのは人間であり、それを生み出していくのもまた人間である。よって、**このような機械学習プロジェクトにとって、コミュニケーションこそが真に必要なもの**なのである。

データサイエンティストとしての生き方

ＣＡＳＥ９の「そんな目的変数で大丈夫か」の続きです。細かな背景や要件・問題設定についてはそちらをご覧ください。

分析システムのローンチ、その後

ウェブ上のリスティング広告、特にスモールワードに関する賃貸物件のリスティング広告において、一般的に広告の評価として使われるＣＴＲに関する回帰問題ではなく、広告をクラスタリングし、そこから得られた「良い広告」群の分類問題とすることによって、機械学習による予測と、それを用いたシステム運用を可能にした。

無事に機械学習モジュールはローンチされ、Ａ／Ｂテストが行われた。

しかし、分類の精度としては高い値をずっと示しているにもかかわらず、ビジネスＫＰＩについてはモジュールを用いない対照群と比較して有意に高いとはいえない状態が、ローンチ直後から続いていた。プロジェクトマネージャー（ＰＭ）ともディスカッションを続けていたが、原因や解決策は一向に浮かばず、ただ見守るしかできなかった。それは、当初設定されていた評価期間である一ヶ月を経過しても変わらなかった。

対照群と比較して悪いという結果ではなかったため、PMの尽力もあり、評価期間を過ぎた後も稼働を続けることが許可された。しかし、評価期間内に期待される成果を挙げることができず、担当データサイエンティストの査定はダウンした。

そして稼働開始から三ヶ月後、徐々にビジネスKPIは改善を始め、半年後にはKPIを達成するどころか、想定以上の値を示すことができた。しかし一旦ダウンした査定が回復することはなく、担当データサイエンティストは退職した。

機械学習の精度とビジネスKPI

今回の事例の問題点としては、「機械学習の精度とビジネスKPIはなぜ連動しなかったのか」という点と、「データサイエンティストの査定は正しいものだったのか」という点の二つが存在する。まずは前者から説明しよう。

この事例では、分類の評価指標としてAUC[1)]を用いていた。ここで、分類の予測結果としてクラスへの所属確率が与えられた場合、所属するか否かの閾値を0から1まで変動させた場合の偽陽性率をx軸に、真陽性率をy軸にとったグラフが描く曲線をROC曲線といい、

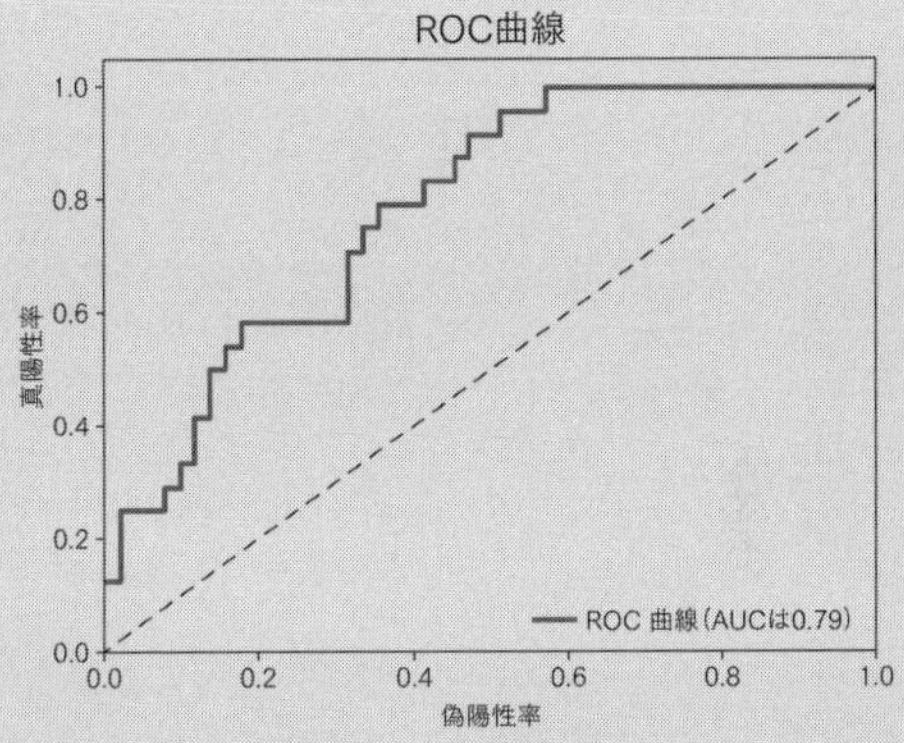

このROC曲線とx軸とがなす面積をスコアとしたものがAUCである。

真陽性率は予測漏れがリスクとなる場合に用いるべき指標で、高い（1に近い）ほど良い。一方、偽陽性率は予測過多がリスクとなる場合に用いるべき指標であり、低い（0に近い）ほど良い。所属確率の閾値が低いほど真陽性率は高くなる（予測漏れが発生しにくくなる）が、偽陽性率も高くなる（予測過多が発生しやすくなる）。

閾値が1の場合はすべての点が目的のクラスとは異なるクラスに属するため、真陽性率は0（目的のクラスに属するデータをすべて目的のクラスに属さないと予測）であり、偽陽性率も0（目的のクラスに属さないデータをすべて目的のクラスに属さないと予測）になり、上記グラフの最も左下の点になる。そして閾値

1) Area Under the Receiver Operation Characteristic Curve

混同行列と指標

目標のクラスに		予測結果：属している	予測結果：属していない	指標
実際の状態	属している	真陽性（TP） True Positive	偽陰性（FN） False Negative 第二種過誤 （予測漏れ）	真陽性率 Recall $\frac{TP}{TP+FN}$
	属していない	偽陽性（FP） False Positive 第一種過誤 （予測過多）	真陰性（TN） True Negative	偽陽性率 $\frac{FP}{FP+TN}$
指標		適合率 Precision $\frac{TP}{TP+FP}$		精度 Accuracy $\frac{TP+TN}{TP+TN+FP+FN}$

を小さくするごとに点は右上に移動していき、閾値を0とした場合には、真陽性率は1（目的のクラスに属するデータをすべて目的のクラスに属すると予測した）、偽陽性率も1（目的のクラスに属さないデータをすべて目的のクラスに属すると予測した）になり、グラフの最も右上の点になる。このように閾値を1から0まで小さくしていくにつれ、真陽性率も偽陽性率も0から1までともに大きくなっていくが、その途中のすべての閾値において常に五分五分以上の精度を示すことが期待されるため、AUC曲線は破線より常に上にあることが望ましい。またその面積は1に近いほど良い。

ＡＵＣは、前述のように計算して得られた（ギザギザの）領域の面積であるので、偽陽性率の差分をペナルティとして減じた真陽性率の値の累積と見なすことができる。（高い真陽性率は良い結果だが、閾値を変えることですぐに偽陽性率の値が変わってしまったら、その値にはあまり意味がない）

分類の精度を示す指標としてＡＵＣは一般的に用いられるが、データの不均衡（目的のクラスに属するデータの数が全体のデータ数に比べて少ない場合）にそれほど強くなく（データが不均衡であると、精度が低いモデルであってもＡＵＣの値が不当に高く見えてしまう）、面積であるので、ビジネス上で実際に扱う値と関連させて考えることが難しい。例えば、ＡＵＣが0.8であっても、実際に賃貸物件百件中で何件を「良い広告」であると予測したか、その予測が正解だったかどうかを見積もることは難しい。

このように機械学習の精度とビジネスＫＰＩを結びつけて考えず、単に機械学習の精度のみを追い求めてしまったことが、ビジネスＫＰＩの値が上がらなかった大きな要因の一つと考えられる。

機械学習の精度とビジネスＫＰＩを結びつけるためには、ＡＵＣは適切な所属確率の閾値の調整のためだけに用い（ＲＯＣ曲線のグラフで最も左上に膨らんだ部分を最も過誤のバランスが取れた閾値だとするなど）、指標には真陽性率や適合率のような単純なものを用いるべきある。

今回の事例の場合、予測漏れは広告の機会損失であり避けるべきであるが、広告の掲出に対しては支払いが発生し、効果がない広告の掲出は予算の無駄遣いとなるため、適合率を最優先指標としたモデルを用いる必要があった。

さらに、機械学習の指標として真陽性率や適合率を用いたとしても、それらをビジネスＫＰＩと直接結びつけて計算し、機械学習の精度向上によるビジネスＫＰＩの上昇を見積もることが難しいケースも存在する。このような場合でも、シミュレーションを行うなどして、機械学習が確実にビジネスに貢献しうることを確認すべきである。

データサイエンティストのマネジメント

右記のように、機械学習の指標とビジネスＫＰＩを結びつけて正しく効果を見積もっても、特に予測対象が人間の振る舞いに関するものであれば、効果が現れるまでに長期間を要する場合がある。

基本的に人間はホメオスタシス[2)]を好む傾向があるため、振る舞いが急激に変わるケースはあまり存在しない。小さな改善効果を積み重ね、その結果として大きな改善に結びつけるというストーリーの方が現実的である。

またその際にも、人間の振る舞いは流動的であるので、小さな改善をした結果をデータとして取り込み、再学習し、また小さな改善をして再学習する、という繰り返しが必要になる。

このように、分析を活用した改善施策は本質的に長期化するものであり、データサイエンティストの評価・査定をどのように行うべきかは、未だ解決されていない大きな問題である。

評価・査定は、「あいつは頑張っていた」というような定性的な評価ではなく、客観的で定量的な指標に基づくべきである。しかし、KPI到達という客観的な指標が評価・査定のスパンに合わずに利用できないならば、どうすればよいのか。

通常のITエンジニアならば、ソースコード量で評価するという極端な評価方法を採用することも可能である。しかし、分析・機械学習を行うためのソースコードはPythonやRといった言語における素晴らしいパッケージが無料で利用できるため、内容に比べてソースコード量は圧倒的に少ない。また、データサイエンティストの業務の大部分は、データの前処理やモデルの試行錯誤など、システムとあまり関係がない箇所に費やされるが、その点を評価することも難しい。さらにデータサイエンティストの業務として、作成したモデルやその効果をデータサイエンティスト以外の人間に解説し、まわりの理解・協力を得るというも

2)　生物において、その内部環境を一定の状態に保ち続けようとする性質

のも存在する。これも評価を難しくさせる一要因である。

このように、評価・査定を完全に定量的に決定することは難しい。データサイエンティストに限らず、すべての業種において同様であろう。よって、評価・査定には必ず定性的な側面も含める必要がある。

機械学習を利用するプロジェクトの場合、そのプロジェクトマネージャーにもデータサイエンスの知識がある程度必要であることは、昨今大きく謳われ認識が広まっている。しかし、プロジェクトマネージャーだけではなく、プロジェクトに関わらないマネージャーにもデータサイエンスの知識がある程度は必要である。データサイエンスの知識がなければ、メンバーであるデータサイエンティストの業務の難易度・達成度が正しく評価できないからである。

本書執筆時点において、データ分析は小学校の学習指導要領にも盛り込まれ、徐々にその裾野を広げている。しかしデータサイエンティストが現時点で業種として十分に成熟した状態であるかと尋ねられれば、特にＩＴエンジニアと比較すると、右記の理由からＮＯと言わざるを得ない。日本に限らず世界全体を見ても、納得できる評価・査定を行えている企業の方が少数である。データ分析・機械学習の知識が広く普及し、それにより成熟していくことが期待される。

超流動的な社会へ

今回の事例では、担当データサイエンティストは結局のところ退職することになったが、これは決して悪いことではないと筆者は考える。分析界隈を見渡すと、優秀な人ほど転職を繰り返している傾向があるように思える。

これは、現状の会社に不満があるという消極的な理由だけでなく、新しい環境を経験したい、もっと別のデータに触れ、別の業種・課題に取り組むことで自分の能力を向上させたい、という積極的な理由も大きいと感じる。

人材の流動性は、社会を活発化させ、経験・知見・技術の普遍化を生み出し、競争力のベースを補強させる効果を持つ。データサイエンティストに限らず全業種において同様であると考えられるが、まだ知識が一般的に普及したとはいえない分析業界では特にその効果が大きく、また、データサイエンティストは客観的な判断と論理的な思考が資質として求められることから、とりわけデータサイエンティストには流動性を好む傾向があるように感じる。リモートワークを積極的に採用する企業が増えていることからも、人材の流動性は加速すると考える。

企業が分析・機械学習を導入するには、データに基づいた客観的な判断を行うデータドリブンの採用、そしてその継続的な監視と適切な自己変革が必要である。これが経営やシステムだけではなく、人事にも適用されるという、超流動的な社会が、あるべき将来像なのかもしれない。

PART

II

翻弄される データサイエンティスト

CASE 10

成功した報告しか聞きたくない

実店舗を持つ複数の企業と連携したA社と、オンラインを中心に多面的にサービス展開を行うB社は、オンライン・オフラインを通じた顧客体験や包括的な顧客データを活用したマーケティング支援事業の実現などのシナジーを目指して、事業連携を検討していた。しかし、双方の社内および、A社の重要なステークホルダー企業C社の中にはこの事業連携に対する懐疑的な意見もあり、調整が難航していた。そこで、C社からCAO[1)]としてA社へ出向していたX氏が、まずはキャンペーンとして一時的な協業を行い、その効果検証を公平に行った上で事業連携の是非を判断することを提案し、ステークホルダーの全会一致でA社、B社の共同キャンペーンが行われることとなった。

効果検証プロジェクトにおいては、A社CAOのX氏がプロジェクトオーナーとなり、実質的なプロジェクトマネージャーをB社のY氏が、実際の解析設計や作業を行う人員として

1) Chief Analytics Officer：データ分析部門の責任者

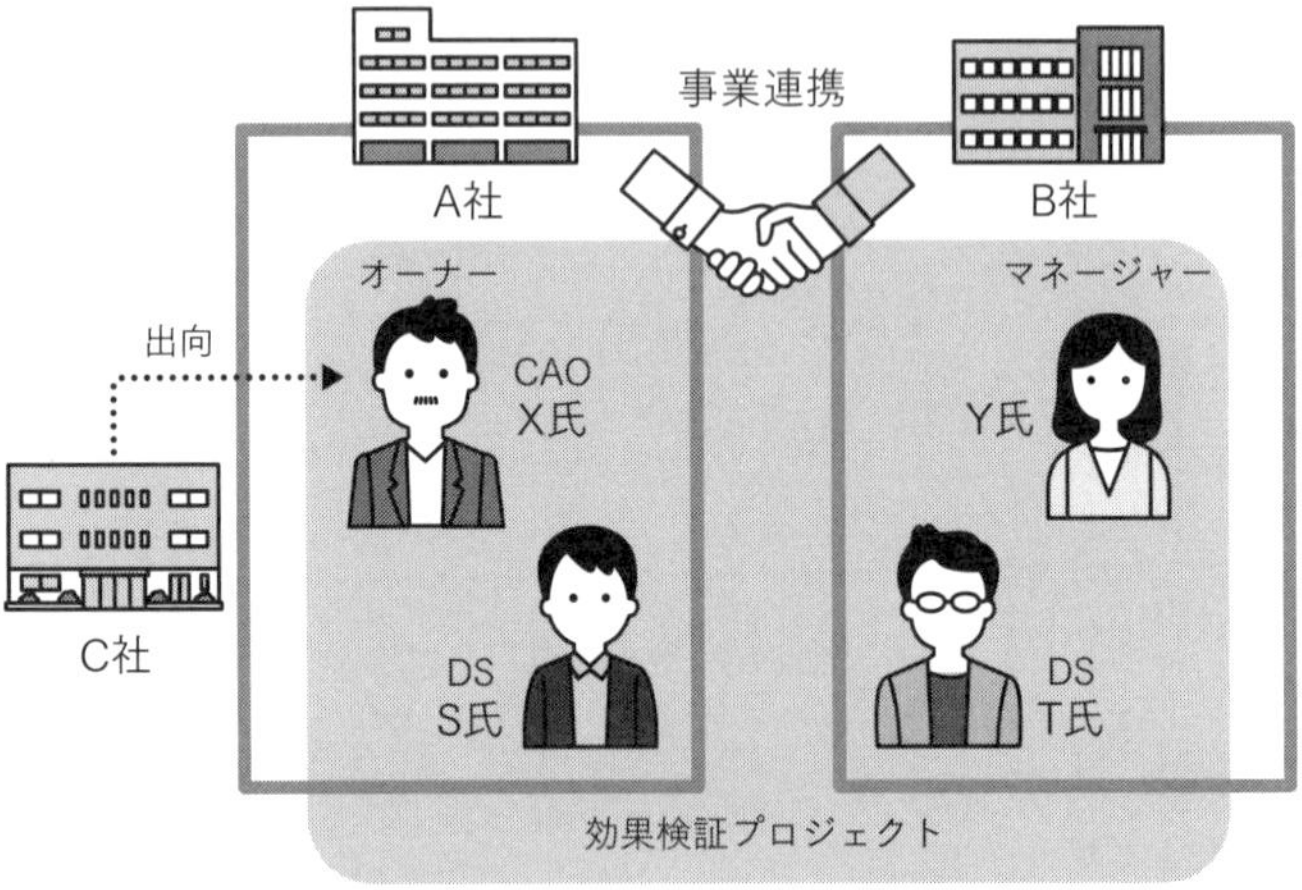

A社、B社双方からデータサイエンティストのS氏とT氏が専任として割り当てられた。

主なステークホルダー

●A社　CAO（分析事業本部長）：X氏

C社から出向してきた叩き上げの社員。複数の業態の小売業において現場から本社まで20年以上の経験があり、小売業の業界知識は深い。データ分析の経験はないが、主に分析事業部の管理者兼営業役としてA社に出向している。出向元のC社では、直近まで店内販促に関する部署に所属していた。

●A社　データサイエンティスト：S氏

分析事業部のマネージャーとして、会社の立ち上がり初期からA社に在籍している。分析官としての経験が長く、個人的には科学的、数学的正当性にこだわりはあるが、仕事の上では道具と割り切り、柔軟に対応を変える必要があると考えている。

●B社　プロジェクトマネージャー：Y氏

B社で複数のサービスの立ち上げ経験のあるプロジェクトマネージャー。時短勤務中であるため、本プロジェクトに専任として参画している。A社との事業提携については、表向きは中立の立場だが提携の内容には改善すべき点があると感じている。

●B社　データサイエンティスト：T氏

博士号取得後、公的研究機関のポストを経てB社に入社。効果検証の公平性を保つため、B社より参画することになった。良くも悪くもビジネス上の事柄や社内政治などに対して中立的で独立性を維持すべきと考えている。

効果検証方法の設計

効果検証に対するキックオフミーティングでは、X氏が提携に関する経緯や期待と懸念について共有した後、「最終的には、私たちの直接顧客である加盟企業に利益をもたらさない限り、提携に対するどのような理由も通らないため、純粋にキャンペーンによる売上効果のみに議論を絞りましょう」という内容を強く主張した。これに対しデータサイエンティストのS氏とT氏は、売上効果は観測できるようになるまでのラグがあるため、中間的な指標に対する効果検証を行うべきと反論した。しかし最終的に、ステークホルダーの多い今回の分析では混乱を避けるために、売上効果以外の中間的な指標はあくまでも予備的なものとして扱い、共有は想定しないものとされた。また、プロジェクトマネージャーY氏からの提案で、効果検証の手法については公平性や結果の妥当性を担保するため、S氏、T氏それぞれで独立して分析することとなった。

共同キャンペーンの終了後、S氏とT氏は解析に必要なデータセットを作成し、解析において乱数を使用するモデルを利用する場合、相互に検証が可能なように、乱数のシード値などを共有した上で、各社の分析環境において売上効果の解析を行うことになった。

効果検証分析

プロジェクトの中間報告の二日前にCAOであるX氏は、部下であるS氏に対して、解析手法については以前からC社内で行われている「キャンペーン参加者と非参加者の、期間前後の売上上昇幅の差」を効果と見なす解析手法を用いるように指示した。しかし一般的にキャンペーンの参加者は、店舗での購入時に会員証を提示する機会が多いため、追跡できる売上高が多い。さらに、キャンペーンの有無に依存して消費行動が変わる層が多いため、キャンペーンの効果を過大評価してしまう傾向がある。このように、S氏は指示された解析手法の問題を認識していたが、上長からの指示を覆すのも時間的に難しく、中長期的な売上を示すための売上以外の副次的な指標では有意な効果が見られたことから、結論として提携を推進すること自体は間違った結論ではない、として補足情報にそれらをまとめてX氏の指示に従った。

一方、T氏は傾向スコアを使ったマッチングやIPW推定量[2)]など様々な仮定と手法を試したが、有意な売上効果を見出すことはできず、現時点のデータではキャンペーンの売上効果があったとは言えないという結論をプロジェクトマネージャーのY氏に報告をしていた。Y氏はこれを受けて、提携に関しては今一度検証を踏まえた方がよいとして、今回のキャンペーンの深掘りや、必要に応じた追加のキャンペーンの提案をする予定であった。

2) 傾向スコアとは、比較する2つの群から検証したい施策（介入）以外の影響を取り除くための無作為割り付けができない場合の因果効果を検証するために用いられる統計量。傾向スコアをもとに比較する各群の個体をマッチングさせたり、その逆数を重みとして加重平均（Inverse Probability Weighting Estimator：IPW推定量）を求めたりして、効果を推定する。

プロジェクト内報告会

プロジェクトメンバーで解析結果を持ち寄り、報告内容をどうするかについての打ち合わせが行われた。まず、T氏が実施した因果効果の解析手法について、それぞれどのような仮定が置かれているかなどに関する丁寧な解説が行われた。CAOのX氏ははじめのうちは目新しく聞く様々な手法に興味を示して頷いていたが、それらの結果「売上効果があるとは言えないため」追加の検証が必要であるという結論が告げられると突如として顔色を変えた。

続いてS氏は、「まずは報告の受け手が馴染みのある手法であることを優先したため、結論の正確性については補足となる分析が必要である」と前置きをした上で、解析手法と売上効果が見られた旨を報告した。

即座にT氏はその比較の仕方には問題があると指摘した。基本的にはS氏はT氏の指摘は想定済みであったため、「その通りです」と受け流していたが、あくまで解析結果の一つであるという姿勢を崩さずにいるとT氏は次第に白熱してしまい、コードの書き方や統計用語の言い回しに至るまでクレームをつけ出し、「S氏はデータサイエンティストではない」とまで言い始め、会議が紛糾してしまった。

最終的に同僚であるY氏が、T氏をなだめた上で、「売上効果が見られた唯一の手法は精度に問題があると考えられ、その他の高精度な手法では売上効果は見られなかったため、最終目的である提携の是非に関する判断材料としてはより踏み込んだ解析が必要である」と結論づけようとした。しかし、突如としてX氏は机を激しく叩き、厳しい声で「色々難しい手法を駆使していただいたようだが、『結論がわかりません』のような分析は私でもできる。ビジネスの世界では十分な精度がないことなどは常識だ。B社の皆様にも最終報告会に参加いただくつもりでいたが、まだ君たちには難しいようだ。」と言い渡して会議室を出て行ってしまった。

その後、T氏の強い希望で最終報告で5分間B社による解析結果の報告の時間が割り当てられたが、特にX氏からの反応はないまま最終報告書が作成された。

役員および関連企業への最終報告

最終報告では、まずX氏からS氏の解析結果を中心に報告が行われ、高い売上効果があったこと、事業提携に至ればさらなる売上効果が期待できることが発表された。続いてT氏からは、S氏の手法の問題点と今回の売上効果については不明な部分が多く、継続して情報を集めないと判断は難しいという主張が手短になされたが、参加者にはあまり印象を残すことができなかった。

実は、今回の事業連携においては出資を含む事業提携が背後で並行して進められており、最終報告前にそれぞれの参加者間でS氏の解析結果をもとに合意が形成されていた。そのため、もともと馴染みがなく複雑なT氏の主張は、受け入れられる余地がほとんどなかったのである。

最終的に、X氏から「事業提携を通じてさらなるデータを蓄積し、T氏の用いたような高度なデータサイエンスを活かしてアライアンス全体で発展することを考えています」と締めくくられ、T氏には「学者肌すぎるやや使いにくい人材」という印象が残ってしまい、事業提携後もデータ活用において複雑な分析を実施することが難しくなってしまった。

失敗の原因

●効果検証は効果を知るために行われるとは限らない

今回の事例を振り返ると、効果検証分析の真の目的は事業連携に対する社内意識の統一化であり、意思決定に寄与することではなかった。データサイエンティストに対してはその情報は伏せられていたが、プロジェクトオーナーであるX氏の言動や複数の企業の本部長・役員らが関わる意思決定において、**本当にデータから導出された結果を議論できる余地があるのか**については、ある程度想定して確認するなどの行動は必要だったと考えられる。

●真の目的が共有されておらず、適切な作業設計ができていない

あるいは、最初からX氏が真なる目的を告知していれば、今回の解析プロジェクトに対する問いを「事業提携すべきか否か」から、「どのドメインが提携効果が強いのか」「提携効果の弱いドメインの理由は何か」などにアプローチを軌道修正することができたはずである。

●分析の正しさを伝える時と相手を間違えている

分析やデータに基づく意思決定に直接関与する事業を行う特殊な企業を除き、分析の妥当性に関して理解できる人員は限られ、経営層はその人物や周囲の評価をもとに判断を下すことが多い。さらに5分という限られた時間では、なおのこと判断が難しくなる。最終報告において、T氏は分析手法の正当性をもとに対抗するのではなく、X氏の誘導する意思決定は避けられないと踏まえた上で、ビジネスをより良い方向に持っていくための論点を新しく構えるか、あるいは報告自体を避けるべきであったと考えられる。

CASE 11

ターゲティングの必要性

マーケティング支援企業X社は、自社で数千万規模の会員組織を持っており、オンライン・オフラインを問わず、日用品、飲食、エンターテイメント、旅行、引っ越しなどのライフイベントに至るまで、様々な商品やサービスにおける消費者の行動情報を収集し、会員組織へ向けた広告媒体事業から市場調査、コンサルタントなど、幅広いマーケティング活動の支援事業を行っている。近年、ポイント事業、決済事業、携帯電話事業などにおいて様々なプレイヤーが参入してくる中で、競合との差別化を図るべく、自社が保持しているビッグデータとAＩを掛け合わせた新規商材の開発が検討されていた。

ステークホルダー

●X社　広告事業部長：A氏

広告代理店Y社出身の昔かたぎな営業マン。なにかと大きなことが大好き。

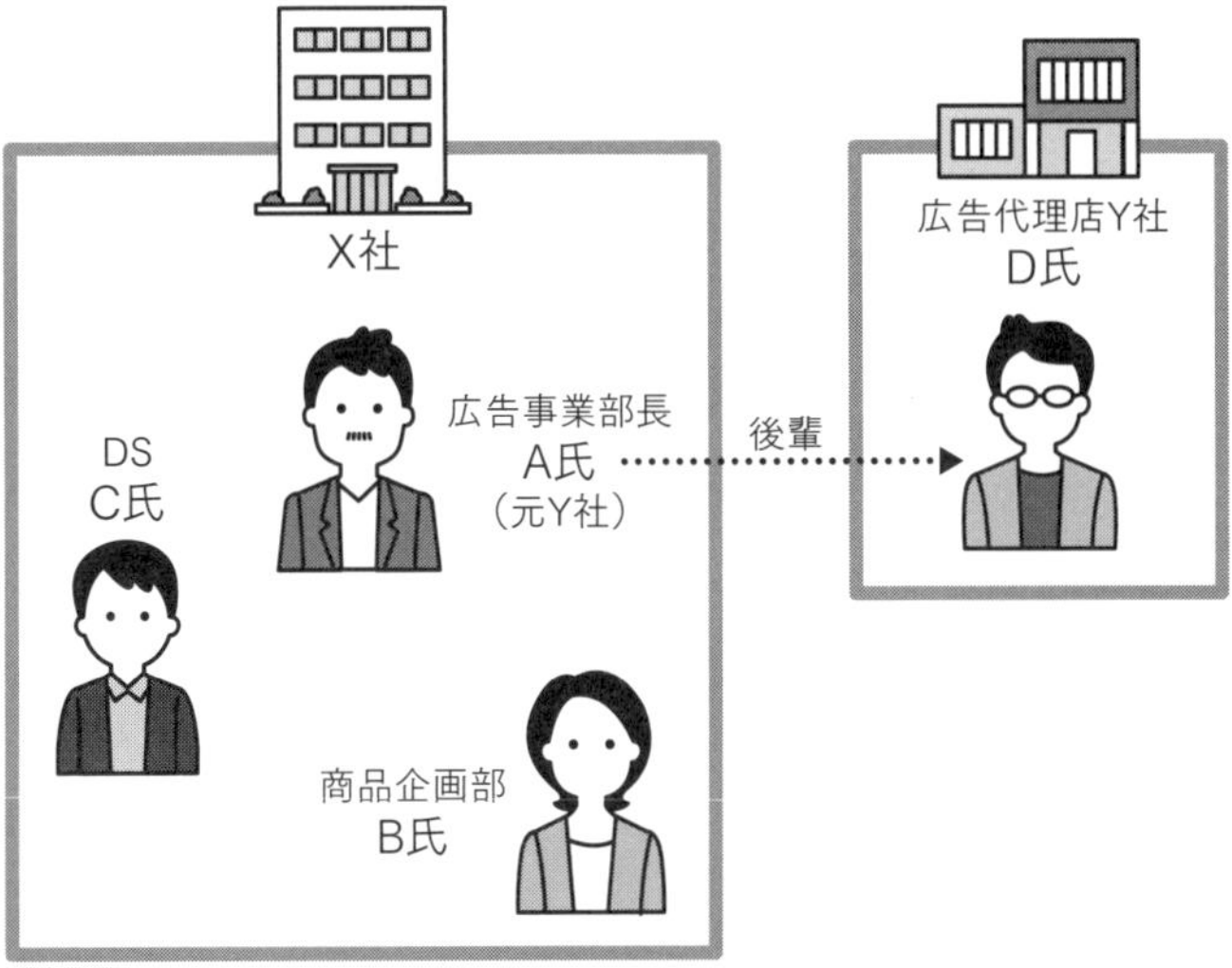

●**X社　商品企画部：B氏**

コンサルティング企業出身の若手マネージャー。

●**X社　データサイエンティスト：C氏**

学生のうちから入社し、ターゲティング精度向上のプロジェクトに参画している。

●**クライアント　Y社：D氏**

A氏の代理店時代の同僚。広告予算のROI[1]に日々悩まされている。

新規商材の企画

X社広告事業部長のA氏は、性別や年

1) Return On Investment：投資対効果

代、消費行動履歴をもとに作成されたセグメント向けのダイレクトメールやターゲティングメール、オウンドメディアでの広告配信の販売を行っていたが、多くの競合が参入してくる中でどの企業も似たような広告を販売しており、ジリ貧となる状況が見えていたため、クライアントが飛びつきたくなるような広告サービスを開発したいと考えていた。広告代理店時代の後輩で、今はクライアントとなっているD氏が、飲み会の席で、「広告予算を使うたびに費用対効果の説明を求められるが、そうそううまく説明できる数字が取れるわけでもないし、一つひとつの広告出稿の費用対効果を追いかけられては作業が増える一方だ。もともと広告なんて当たり外れがある中で全体で見ていくものなのに……」と愚痴をこぼしていたことを思い出し、このようなクライアントのニーズに応えられるような広告商材は作れないかと、商品企画部のマネージャーB氏に持ち込んだ。

B氏は、A氏から広告代理店時代の広告主のニーズやデジタル広告登場による市況の変化などについてヒアリングした情報をもとに、以下の点に応えられる広告商材の必要性を新規商材の企画会議にて訴えた。

・広告の購入時点で、高い確度で効果の見通しが立つもの
・複数のチャネルや媒体への出稿調整もまとめて請け負うもの
・完全な成果報酬型にはせずに、クライアントもリスクを取ることで価格を抑えるもの

X社のデータサイエンティストC氏は、もともとターゲティング精度の向上のために機械学習を使って会員一人ひとりに対する行動予測モデルを構築していた経験から、テストマーケティングを通じて広告に対する反応のデータを収集できれば、広告主ごとに目標達成に必要な配信リストを予測精度付きで算出できることに気がついた。そこで、テストマーケティングと機械学習モデル構築のセットで商材化を目指すこととなった。

分析作業

会員は数千万の単位、取得可能な会員の行動情報の種類も（リアルの行動データに絞っても）一日あたり千の単位、そこにオンラインの行動情報が加わるため、取り扱うデータ量は文字通りビッグデータと呼べるものであった。しかも、個人情報に配慮してクラウドを使わずに社内のデータセンターで取り扱っていた。そのため、負荷の高い機械学習モデルの構築を頻繁に行うわけにはいかず、まずはこの問題に取り掛かる必要があった。

最初に、X社商品企画部のB氏が、これまで行われた会員への調査結果を踏まえて、会員が広告に触れて行動を起こすまでの一連の心理と行動の変化を書き起こし、どのような振る舞いや心理状態が広告に対する最終的な反応につながるのかの仮説(カスタマージャーニー)をいくつも作成した。これは、B氏自身の消費行動に偏らないように、できるだけ多様な背景の社員を巻き込んで、ワークショップを開きながら進められた。

続いて、データサイエンティストのC氏が作成された仮説をもとに、鍵となる振る舞いや心理状態を反映した特徴量を、できるだけ計算コストがかからない形で作成していった。具体的には、広告全体に対する接触頻度、ポイント獲得などのインセンティブに対する反応のしやすさ、消費行動の特徴から構築した16種類の消費傾向の強さなどのモデルを構築し、最終的に顧客の特徴を表す変数の数を百程度に絞り込んだ。

サービスを開始してしまうと、予測モデルのチューニングをデータサイエンティストが行う余裕がなくなるため、正則化付きロジスティック回帰モデル、ランダムフォレスト、Light GBMの三つの予測モデルに対して、それぞれいくつかのパラメータを事前に与えて学習を実行した。新しいデータが入ってきたときには再学習を経て、その中で精度の最も高いものを自動選択することで、データサイエンティストの手に依らなくても予測モデルを構築できるように業務を設計した。

また、実際の配信リストを作成する際は、予測モデルから出力される行動の起こしやすさを表す0から1のスコアが、実際の確率と一致するようにキャリブレーションを行い、キャリブレーション後のスコアが高い順に、期待値が目標のコンバージョン数[2)]になるまでリストに追加するようにして構築した。

パイロット案件での大成功

早速、広告事業部長A氏は、クライアントであるD氏とコンタクトを取り、新規の広告商品のパイロットプロジェクトが開始されることとなった。

パイロットでは、結果が目標の前後にブレることをクライアントに理解してもらった上で、目標のコンバージョン数は5万件と設定された。テストマーケティングは、10万人の会員を対象に行われ、5千件程度のコンバージョンが得られた。この結果をもとに、広告に対する反応予測の学習が行われ、無事に十分な精度を持つモデルが得られた。その後のクライアントとの打ち合わせでは、予測モデルの精度や想定されるコンバージョン件数についてリスク付きで説明され、広告の配信に向けた予算が承認された。

パイロットの最終報告では、コンバージョン件数5万4千件と目標を上回る成果となった。クライアントからは、目標値を超える成果はもちろん、計画から効果検証レポートに至るまで非常に高い評価を得ることができた。実際には、A氏から内々でC氏に目標コンバージョン数を一割増しで設定するように指示があったものの、結果として顧客の満足度をより高めることに成功した。

2)　コンバージョン数とは、目的とする消費者の行動が起きた数（申込件数や入会者数など）

商材化とターゲティングの限界

広告主側として社内の予算確保や報告に使いやすいレポート付きの広告商材の案件は、本格的に営業活動が始まると次々に増えていった。と同時に、実績が積み上がるにつれ、次第に案件の規模が大きくなっていった。また、結果は目標値前後に着地すると説明しているもののの、パイロットでのA氏と同様に、営業担当者が、顧客と合意した目標値を少しでも下回ることを嫌がり、目標コンバージョン数を顧客と合意した数字よりも少し大きく設定するようになった結果、設定される目標コンバージョン数は増加の一途を辿っていった。

ターゲットリストは、設定された目標のコンバージョン数を達成するように作られるため、次第に肥大化が進み、広告配信が可能な対象者の八、九割を占める事態が発生するようになってしまった。

C氏は、コンバージョンの確率が低すぎる配信対象は広告に対する関係性が薄く、無関係な広告を大量に受け取ることになるため、高すぎるコンバージョン数の設定を避けるようにA氏に進言した。しかし、設定されるコンバージョン数が高いほど高単価案件になることや、会員の離脱傾向などは見られないことから現状維持とした。

結果として、C氏の心配したような会員の離脱は少なくとも一年近くの間は見られなかったが、ほとんどの案件が全件配信となってしまい、ターゲティングの精度向上のために開発された予測モデルは使われることがなくなってしまった。

失敗の原因

●ターゲティングの必要性や意義について理解が深まっていない

ターゲティング広告は無駄な広告を減らすことができるため、広告の効率を高めると一見思われがちだが、コンバージョンから生じるビジネス上の利益と、広告配信にかかるコストのバランスが大きく崩れている場合、広告主の立場としては、見込みの薄い配信であっても少しでも可能性があるならば配信する方が広告による利益を最大化することができる。一方、媒体側の立場としては、常に全件配信を行うと、関連性も興味もない広告を見せられるといった不快な体験が増えることとなり、いずれは会員基盤の毀損につながる可能性がある。

ターゲティング広告は、媒体側としては、広告主が利益を維持できる範囲で広告配信単価を引き上げられると同時に、引き上げられた単価では関連性も興味もない配信に資金を回す余裕がなくなり、その結果、会員の不快な体験が減り、会員基盤を保全できる効果がある。しかし、今回の事例のように、広告配信結果を良く見せようと偽装を始めてしまうと、次第にターゲティングを行う意味を失ってしまう。

●配信対象者のコンバージョン数を予測・操作してしまっている

今回の事例における予測モデルは「広告の配信対象となったときに、コンバージョンとなる行動をするか」を予測しており、「広告によってコンバージョンとなる行動をするか」の予測は行っていない。つまり、広告が配信されようがされなかろうが関係なくコンバージョンとなる行動を行う会員をリストに詰め込むことで、見かけ上の費用対効果を高く見せかけている可能性が高い。

知名度が全くない商品の場合など、いくつか限られた条件ではこのような予測モデルが有益なケースもあるが、「広告配信対象になることで、コンバージョンの確率がどの程度上昇するか」が本来の予測するべき対象である。[3)]

3)　このような予測問題に対応する際は、『効果検証入門』（安井翔太著、技術評論社、2020）が参考になるだろう

CASE 12

決定木分析は決定木だけではない

ウェブ広告配信企業B社は、アミューズメント関連企業A社から、ウェブ広告配信のためのマーケティングの仕事を受注した。A社は今までウェブ広告を積極的に利用していなかったため、これから本格的に参入しようと考えていた。

A社からの依頼は、ウェブ広告配信について、既存のクッキー（cookie：顧客セグメント）を使ってターゲティング広告を打つ方針だが、それと並行して自社が持つ顧客データから顧客の傾向を分析してほしいというものであった。

A社としては、今後のためにも自社データを活用する方法を考えていきたい、実際に持っているデータからどれだけの情報がわかるのかを知りたい、という意図があったようだ。また、依頼を受けたB社としても、大企業からの大口契約継続のために、ベンチャーらしい最先端なアプローチを強調したい思惑があった。

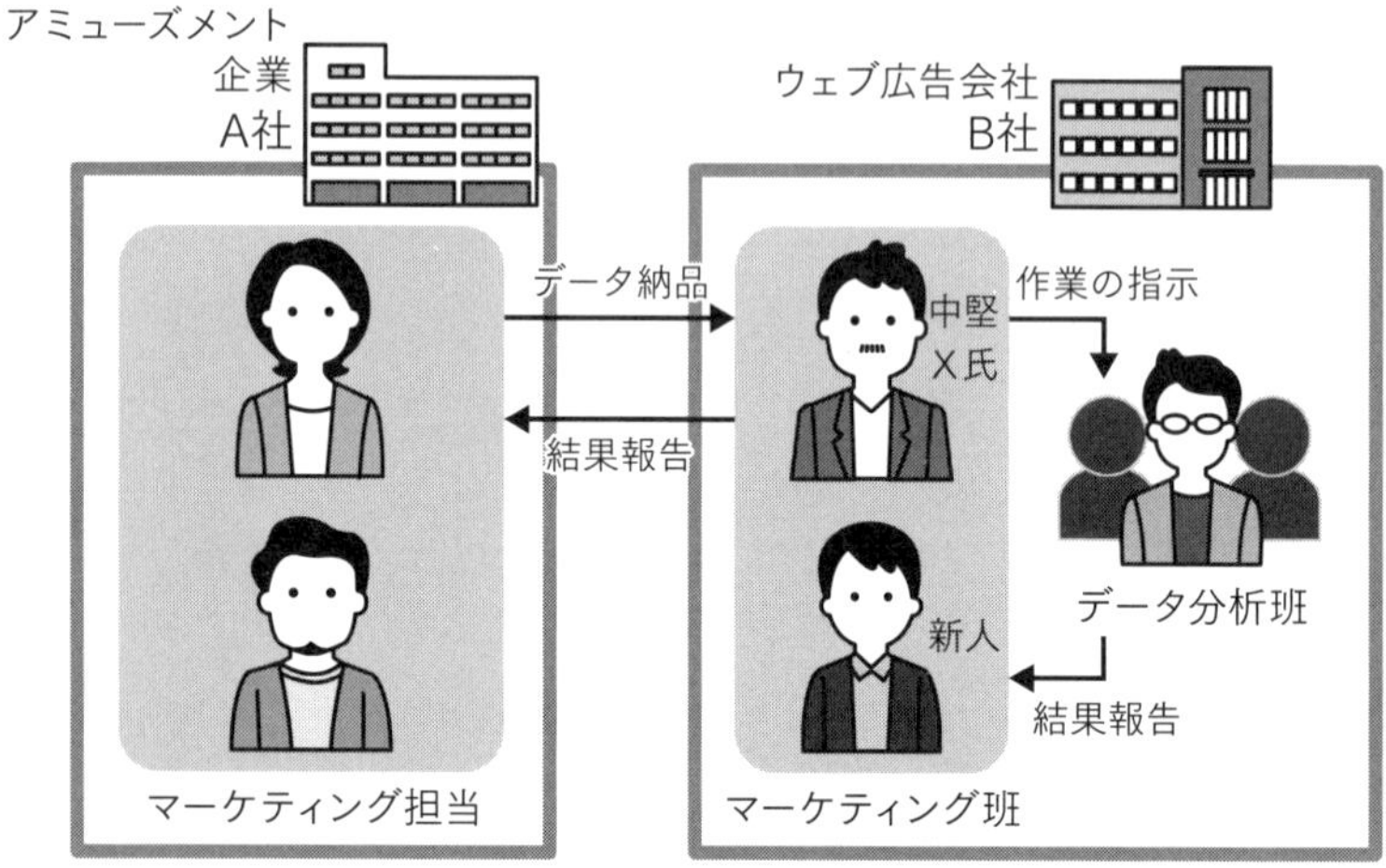

主なステークホルダー

●アミューズメント関連企業A社

要件定義やデータ準備に関するやりとりを担当していたマーケティング担当者が2名。

中間報告・結果報告では4~5人がA社から出席した。大企業ということもあり、参加者の大半が中堅の社員だが、今回のプロジェクトの担当者はその中でも比較的若手の人物。担当者は今までの古典的なやり方にこだわらず、新しい技術を取り入れたいと思っており、データ分析や機械学習に関する知識も少なからず持っている様子だった。

B社とのやりとりはメールと定例ミーティングのみで行われた。

●ウェブ広告配信企業B社

マーケティング班とデータ分析班で構成。

マーケティング班はA社と広告配信プロジェクト発足当初から担当していたマーケティング担当者である。中堅X氏と新人で構成されていた。2名とも（B社以外のデータを使った）データ分析を取り入れた広告配信に取り組むのはほぼ初めて。A社とのやりとりとデータ分析班への作業依頼を担当。

データ分析班として参画したデータサイエンティストは1人のシニアエンジニアと2人の若手エンジニアの合計3名。いずれもマーケティング担当者と同じプロジェクトで動くのは初めて。A社と直接やりとりができないため、A社への質問はマーケティング班を介さなければならなかった。

データ準備

プロジェクトが開始し、データベースの定義書が送られてきた後、一ヶ月以上遅れて実際のデータがエクセル形式で納品された。A社のデータベースはオンプレミス（自社運用）で管理されており持ち出しが不可能だった上、外部の人間がサーバーまで直接訪れてデータ分析することすらできず、A社内で持ち出しの許可が出るまでに時間を要したためである。

A社では複数のサイトを運営しており、それぞれ別に管理されていた。最初に納品されたデータから遅れて別のデータが不定期に送られてきた。

メインのデータは予約履歴や施設への入場券だけでなく、ホテルの宿泊との組み合わせも含まれていた。入場券だけの場合・宿泊付きの場合ともに大人・子供の人数情報もある。しかしながら、入場券には日付指定がないものもあり、いつ利用したかの判別が難しいものもある。

会員情報は、生年月日や住所などのデモグラフィック情報が一通りそろっていた。

データ解析

データ分析班が参画した時点で、分析の方針や定義はすでに確定していた。B社がA社と広告配信についてのやりとりを同時進行で取り組んでいたためである。

B社のマーケティング担当としては「A社のデータをウェブ広告配信に活かしたい」と考えていた。そのため、顧客ロイヤルティに基づいた傾向の分析に決定木分析を利用するよう、データ分析班へ依頼した。

顧客ロイヤルティというのはネットプロモータースコア（NPS）のような既存の指標で

はなく、マーケティング担当が「独自に」考えた二軸で顧客を分類することを意味する。具体的には、利用頻度と消費金額の二軸である。利用回数が多いがオプションを活用しない人、利用は少ないがオプションを活用する人、という分け方をし、その二つのグループに違いがあるかを分析できるというのが、A社への提案の売り文句だった。

しかし、A社から納品されたデータを見る限り、その定義には問題があった。データは不完全で、偏りがあったためである。例えば、ホテルの宿泊は消費金額が大きく、泊数が増えるほど金額も増え、利用回数も増える。また、施設内での飲食などの消費についてほぼ紐付いていない。そのため、納品されたデータからわかることは「来訪頻度が多いほど消費金額も多い」「消費金額が多いほど来訪頻度も多い」という自明な傾向であった。

この事実をデータ分析班は早期からマーケティング班に報告していた。しかしながら、「クライアントに金額を提示し、この要件ですでに確定しているので修正はできない」「クライアントが納得して許可した評価指標なので変えてはいけない」とX氏につき返され、指針を変えることは許されなかった。

この時点でA社はすでに、B社のデータを使って特定のユーザーへの配信を始めようとしており、データ分析は一、二ヶ月で終わるオマケの立ち位置として、マーケティング班には捉えられていた。仕方なくデータ分析班は二軸の分割が極端にならないように独自に閾値を設定し、ある二つの顧客グループを分類する特徴量を決定木分析によって調査することになった。

決定木分析はホワイトボックスな手法のため、ある二つのグループを分ける特徴量がわかりやすい。しかしながら、偏りがあるデータは過学習しやすく、今回設定した2つのグループを分類するのは困難を極めた。来訪回数・消費金額のような数値データはお互いに相関しているため、一見無関係そうな特徴量が効いてしまう結果となった。

解析結果の報告

データ分析班は、分類する顧客グループの変更や追加で送られてきたデータを利用するなど、データに工夫を施して何度か決定木分析を実行した。しかし、知見とは言い難い結果しか出なかった。

定例のミーティングにおいて、A社も他のデータが使えるか検討すると協力的であったものの、現状の分析結果では納得できない様子であった。そこで、単純な決定木分析ではなく、アンサンブル学習を利用した決定木の手法（ランダムフォレスト）で分類することをX氏に提案した。

しかしながらX氏は、最初は「A社が決定木と言っているのだからそれ以外の手法の利用はダメ」「A社は決定木分析で分析してほしいと言っている」の一点張りだった。データ分析班はA社にこれらの発言が事実かどうかを質問することはできないため、諦めるしかなかった。このようにA社には結果を見せられない状況が続き、分析スケジュールは当初の予定だった二ヶ月から大幅に伸びた。

そこでデータ分析班は、A社に直接「決定木分析以外を使ってよいか」について確かめる手段がなかったため、マーケティング班に「ランダムフォレストも決定木分析であり、しかも現在使っている決定木分析よりも精度が見込める」ことを丁寧に教え、説得することにより、ようやくランダムフォレストを使った分析の許可を得ることができた。

説得前は、X氏がランダムフォレストがシンプルな決定木分析と異なることを理解した上で提案を取り下げていたとデータ分析班は捉えていた。データ分析班としては「中堅社員であれば知らないはずがない」という思い込みがあった。

しかし、A社向けの報告の資料を作成する中で、X氏から分析結果の出力や特徴量の剪定方法など、的外れな依頼を受けることがあり、これにより、X氏はシンプルな決定木分析以外を知らないために提案を取り下げている、と確信するに至った。そのため、数式を使わない初心者向けの資料を用意した上で提案・説得を行うこととした。この資料には多くの準備と労力が割かれた。

結果の実行

ランダムフォレストを使って分類したところ、知見になりそうな分析結果を得ることができた。これらの結果を「ランダムフォレストとはなにか」の資料（マーケティング班向けに作った資料の流用）とともにクライアントであるA社に提示した。

すると、A社の担当者からは「ランダムフォレストでも問題ない」「確かにランダムフォレストの方が良さそうだ」という好意的な反応が返ってきた。こうしてマーケティング班から数ヶ月拒否され続けていた手法は、一瞬で許可された。A社の担当者はB社のマーケティング担当X氏よりも機械学習の知識があったらしく、ランダムフォレストを知っていたようだった。

こうして結果に納得してもらったのち、データ分析のプロジェクトは終了した。

失敗の原因と対策

データ分析者とクライアントをつなぐ役割であるマーケティング担当X氏とのコミュニケーションがデータ分析者にとって大きな障壁となり、今回の事例のような失敗が起きてしまった。具体的には次のような障壁である。

・分析者がクライアントに直接聞くことができず、中間のマーケティング担当者によって情報伝達がうまく行われなかった。
・マーケティング担当者の知識不足と「お堅い大企業だから提案の修正は許されない」という思い込みによって、データ分析者の無駄な作業を増やした。
・データ分析班のメンバーもマーケティング担当者の分析に関する知識を過信していた。初めて一緒に作業するにもかかわらず、相手が分析案件の経験が豊富だと思い込んでしまった。

このような事態に陥らないためには、次のような対策が望ましいだろう。

・クライアントとのやりとりがメールに限られる場合でも、そのメールのやりとりを分析者にも展開するなど、**できる限り情報共有をするべき**だった。

・複数の役割同士でコミュニケーションが可能なチャット機能を活用し、クライアントの要望を確認しつつ分析業務に取り組むのが理想である。

今回の事例では、データ分析の方向性をデータ分析者・データ不在の段階で固定してしまい、その決定を覆せる権力をもつ人物が途中参加のデータ分析班にいなかった。また、データを全く見ずに「顧客ロイヤルティ」が使えると判断しても、方向転換が可能であれば問題なかったが、B社のマーケティング担当者が絶対的な決定者であり方向転換はできなかった。

本来であれば分析の方向性は**データ分析者が実際にデータを見ながら決めるべき**である。

CASE 13

ドメイン知識の重要性

ビッグデータという言葉が登場してから十年以上が経ち、自社の顧客データを活用してマーケティングを行うことは、ほとんどの企業にとってもはや当たり前となりつつある。特にウェブサービスなど自社顧客のデータを蓄積しやすい業態において顧客データの分析は、外部データの購入のように追加費用をかけずに行える手段として、まず始めに取り組む選択肢となっているのではないだろうか。こうした、自社の顧客を分析する際によく利用される枠組みの一つとして、自社サービスの利用頻度などに基づいてユーザーに対するロイヤルティを定義し、その多寡でユーザーを区分していく、という手法がある。

本稿では、自社顧客データのみを使ったロイヤルティの定義の難しさや、マーケティングにおけるロイヤルティという考え方の是非について、得られた示唆を紹介する。

X社では、住宅・結婚・転職などのいわゆるライフイベントに関連したメディアを展開している。その中のウェブ部門では、掲載されている業者への問い合わせを通じた送客が主要な事業となっている。ライフイベントに関連していることもあり、ユーザーの問い合わせ件数・回数自体は決して多くないことから、ユーザーの囲い込みが課題となっていた。

X社では、自社サイトの閲覧頻度が多く、閲覧コンテンツの幅が広いユーザーがロイヤルティの高い（つまり、囲い込みに成功している）顧客であるという仮説のもと、マーケティング施策を展開していた。施策自体は良好な成果を挙げており、概ね市場を正しく把握できているのではないか、という感触を持っていた。ある程度うまくいっている現行の施策の精度をさらに高め、より多くのユーザーの囲い込みを図るための手段として、データ分析会社のA社に自社データ以外のサードパーティーデータを活用した市場調査を依頼した。

A社は、許諾を得た一般消費者からウェブ行動ログを取得しており、X社のウェブサイトを閲覧したユーザーのサイトの外の行動を見ることができるパネルデータを保有している。「自社で商品を購入したユーザーが、実はその前に価格比較サイトでレビューを見ていた」というような情報が取得できているイメージである。こうしたデータの特質を活かし、まずA社のパネル上でX社のロイヤルティセグメント定義を再現した上で、セグメントごとのX社サイト外の行動特徴を比べていく、という方法を採用した。

セグメントの定義が再現できた後は、「ロイヤルティの高いユーザーほど囲い込みに成功している」という仮説に基づき、「ロイヤルティが高くなるほど競合サービスの利用度合いが少なくなる」という傾向を確認する。そして、ロイヤルティの高いユーザーが競合他社で閲覧しているコンテンツや流入しているキーワードの特徴などから、ロイヤルティの高いユーザーが他社に流出しないようにするための方策を見つけていく、という順序で進めていくことで、X社の市場と顧客の理解をさらに深めていけると考え、調査を設計した。

失敗に至る経緯

調査開始後、セグメントを再現するまでは順調だったものの、セグメントごとの利用傾向については、事前の仮説とは大きく異なる様相を呈していることがわかってきた。予想通りだったのは「ロイヤルティの高いユーザーほど、自社サービスでの問い合わせ件数が多い」ということで、これはX社の自社データの分析結果と一致していた。一方で、囲い込み度合いの証拠として期待されていた「ロイヤルティが高くなるほど競合サービスの利用度合いが少なくなる」という傾向についてはむしろ真逆の結果となり、「ロイヤルティが高くなるほど競合サービスもまた頻繁に利用している」ことが明らかになった。つまり、クライアントがロイヤルティの高い（つまり、囲い込みに成功している）と見なしているユーザーは、確かにクライアントのデータ上ではロイヤルティが高く見えるものの、決して囲い込みに成功しているユーザーではなかったということである。

この背景についていくつかの検討を行ったところ見えてきたのは、自社サイトの閲覧頻度が多い・閲覧コンテンツの幅が広い、といった傾向を持つユーザーは、そもそも商材そのものへの興味が強く、X社のサイトを頻繁に訪れている一方で、同時に競合他社サイトについても頻繁に訪れているということであった。つまり、これまで自社へのロイヤルティの高いユーザーだと思っていたユーザーは、実はカテゴリーについてたくさんの検索を行っていたり、様々なテーマで情報を集めたりする、といった行動をする熱意のあるユーザーで、だからこそ問い合わせの件数も良好だった、というのが実態だったのである。ロイヤルティの考え方の暗黙の前提として、「ユーザーがカテゴリーに関して情報収集できる範囲には一定の限度があり、その範囲の中でシェアを奪い合っている」という前提があったものの、蓋を開けてみると、ユーザーごとに情報収集の量そのものが大きく異なり、あるサイトで得る情報の量が多いことが、そのユーザーが集める情報の総量に占める自社のシェアの多さを表しているとは言えない、ということだったのである。

このような調査結果ではあったものの、ロイヤルティの高いユーザーが経済的に重要な層であることに違いはなく、調査としては、この層についての分析を続行することとなった。現実の認識と多少相違があったとしても、X社のこれまでのマーケティング施策が一定の成果を上げてきたことは事実である。それゆえに、ビジネス上非常に問題となったというわけでは必ずしもないが、自社の顧客データのみを使ったロイヤルティの指標では、市場全体を適切に捉えられない場合がある、ということを実感した調査結果となった。

失敗に対する振り返り

今回のケースは大きな失敗とは言えないかもしれないが、データ分析の結果から誤った仮説を導いてしまうことは一定の危険を伴う。誤った仮説に至った背景としては、

①入手可能なデータだけで判断してしまい、本当に必要なデータを考えなかったこと

②ロイヤルティに関する消費者行動の知識、つまりドメイン知識が欠如していたこと

の2つが要因であると考えられる。

これらの内容を踏まえ、ロイヤルティについて考察するための二つの話題を提示して、本稿の締めくくりとする。

示唆①　ロイヤルティを自社の購買データのみで測ることの是非

まず第一に、繰り返しとなるが、自社サービスをよく利用してくれているという事実だけから、そのユーザーが自社サービスのみを優先して使うようなユーザーである、という仮説は成り立たない。例えば車好きなユーザーは、自動車に関連するサイトを頻繁に訪れているだろうが、同じくらい頻繁に他のサイトも訪れていることは十分考えられる。証券口座など

も、金融リテラシーが高く頻繁に取引を行う人ほど、複数の口座を高い頻度で利用している、といったことは容易に想像がつくだろう。皆さんも、ご自身の関心が高いデータ分析系のメディアなどは一般の方よりも遥かに頻繁に、そしてたくさんの種類のサイトをチェックしている、ということが往々にしてあるのではないだろうか。**「自社サービスを頻繁に使っている」あるいは「自社サービスのヘビーユーザーである」という事実は、ともすると「他のサービスよりも自社サービスを優先してくれるユーザーである」と見なされがちだが、実際にはそのカテゴリーについて興味や関心が高いだけ**、ということはしばしばある。これは、自社データのみを使って分析をする場合には常に念頭に置かなくてはならないことだろう。

例えば、２０２１年6月にGoogleが発表したエンタメに関する調査でも、これと似た事実に触れられている。動画、漫画、音楽、ゲームなどのデジタルエンタメは、相互に過処分時間を奪い合う関係にあると言われがちだが、実際に調査をしてみると、併用するカテゴリーが増えてもそれぞれにかける時間が減っているわけではなく、併用するカテゴリーが多いほどエンタメコンテンツにかける可処分時間の総和が長いことが明らかになっている。同調査ではこうした結果を受けて、クロスメディア展開が重要であると結論づけているが、特定の領域のサービスであってもこのような使い分けや競合との共存のあり方というのが、特に利用ハードルの低いウェブサービスなどでは重要になってくるのではないだろうか。

示唆② ロイヤルティという考え方の是非

さらに、自社サービスを優先的に使うロイヤルティの高いユーザーを増やしていく、という戦略そのものが有効なのか、という点についても疑問を呈する研究がある。例えば、『ブランディングの科学』（朝日新聞出版、2018）の著者であるバイロン・シャープは、日用品のカテゴリーなどでよく使われる一定期間内の購入回数などの指標は多くのブランドでほとんど類似しており、その差もほぼすべてが市場シェアの差によるものとして説明できる、という論を展開している。その上で、ロイヤルティごとにユーザーを区切って戦略を立てるというのは有効ではなく、むしろ商品の市場シェアを高めることに注力すべきだと結論づけている。こうした研究がどこまで普遍的に当てはまるのかは一定の留保が付くものの、**自社サービスの利用頻度の多寡という直感的な指標がどこまで有効なのかという点については、分析者であれば常に注意と疑いのまなざしを持たなくてはならない**だろう。

まとめ

本稿では、自社サービスの利用の多寡によるセグメント分けによる市場解釈が、しばしば実際の顧客の行動とは異なる場合があることを示し、ロイヤルティを測ることが難しいこと、そして測れたとしてもその有効さについては注意すべき点があることに触れた。こうした情報が、読者の皆様の今後のデータ分析の参考となれば幸いである。

CASE 14

政治的な数字の応酬

クライアントのX社は、大手小売業で業界トップを目指しデータ活用に取り組んでいる。近年、親会社のY社から社長を含む多くの出向者を受け入れ、これまでプロパーや関連会社からの採用が中心だった人事の方針も変更し、外部人材を取り入れたデータ分析の専門部署、「データ活用推進部」を立ち上げた。新組織の最初のプロジェクトとして、以前から社内で議論されていた広告予算のROIについて、データに基づいて定量的に検証を行い、広告予算の最適化を図るプロジェクトが選ばれた。社長の肝いりプロジェクトということで、十分な予算が割り当てられ、関係する各部署には協力が呼びかけられた。

主なステークホルダー

データ活用推進部は、現社長と同じY社からの出向者であるM氏が部長に就いた。部のメンバーは、中途入社でこの部署のために採用された、分析プロジェクトのマネジメント経験

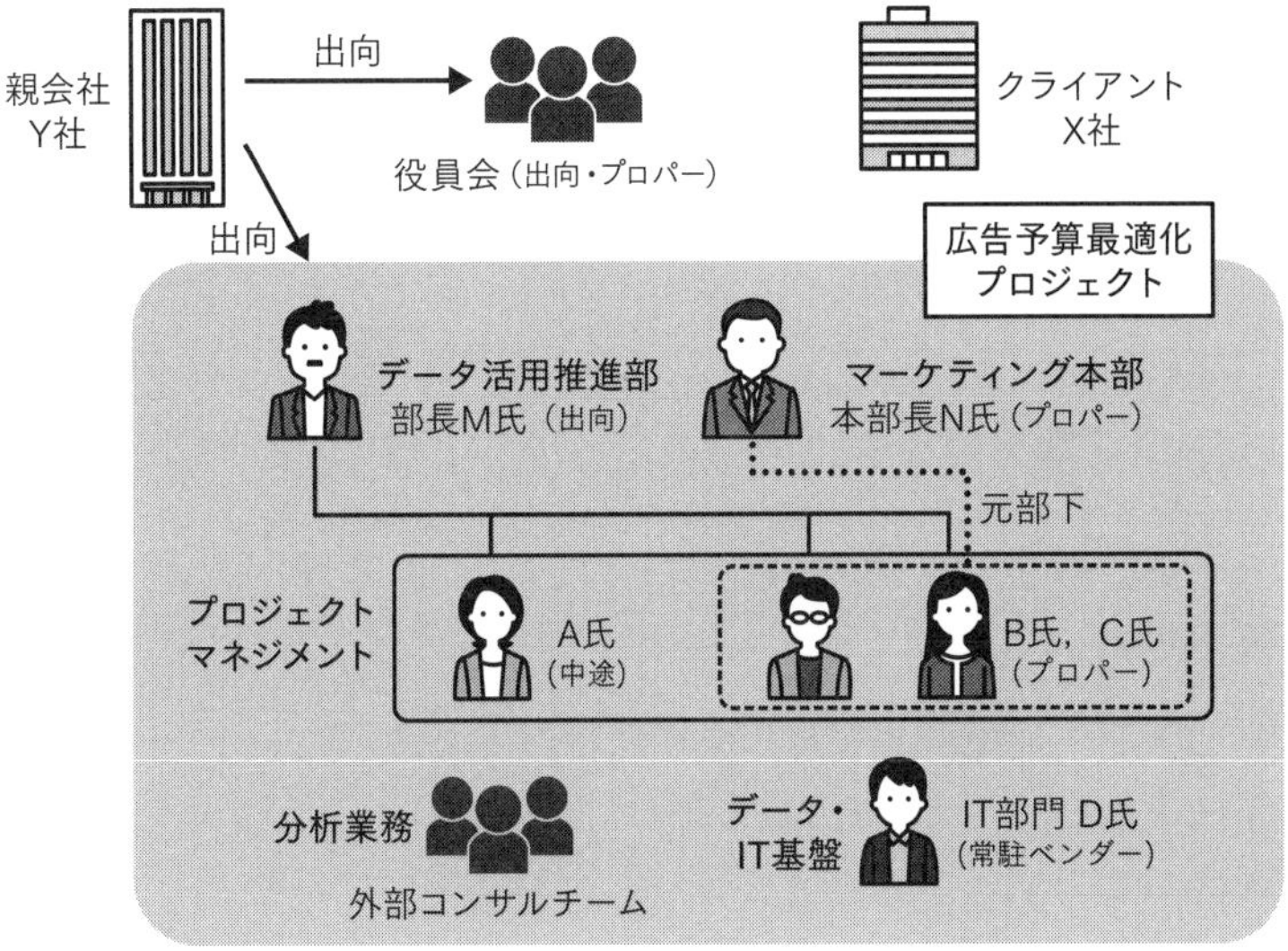

のあるA氏と、社内公募の結果となった若手のマーケティング部門から異動となった若手のB氏とC氏で構成されている。

今回の分析プロジェクトでは、データ活用推進部のメンバーが、質問の取りまとめや社内報告資料の作成など、プロジェクトマネジメントに関わる業務を担当することになった。実際のデータ分析業務には外部のコンサルタントチームが、分析環境の整備やデータ提供については、長年IT部門からデータベースの管理を任されている業務委託先のエキスパートD氏がそれぞれアサインされた。

さらに、今回の分析の社内クライアントというべき、広告予算の管理を行っているマーケティング部門からは、勤続30年を超えるプロパー社員の重鎮であるマーケティング本部長のN氏が直接プロジェクトに参画し、必要に応じて担当者や各部署への連絡役を担うことになった。プロジェクト期間は二ヶ月で、中間報告と最終報告は社長を含む役員会で行うことになった。

データ準備

分析に使用する予定のデータとして、全店舗のPOSデータ約三年分がデータベースに格納されており、そこには販売の取引だけでなく、値引きやクーポン利用の取引履歴も含まれていた。まず、格納されているデータに問題がないかを確認するため、キャンセル取引の整合性や売上金額、取引回数に異常値がないかの検証を行った。結果は、異常と見られる取引は全体の3％未満とまずまず許容できる値であったため、データに詳しいD氏に確認をとって、問題のある取引を除外することにした。その後、商品や店舗ごとの取引データを確認すると、いくつかの商品では、約一年程度の周期で大きく傾向が変化していることがわかり、追加の調査を行った。その結果、データベース上では商品IDを固定の桁数で0埋め[1)]した文字列として持っていたが、商品数がデータベース設計時の想定より増えてしまい、桁数が足りなくなったことから定期的にIDを使いまわしていることが判明した。さらに、過去のIDがどの商品を指していたのかの履歴は直近13ヶ月間の情報しか残っていなかったため、やむを得ず分析対象を13ヶ月間に絞り込むこととした。

広告費のデータについては、広告代理店への支払い履歴をもとに、マーケティング部門の各担当者に分析対象となる13ヶ月間の出稿媒体、期間、出稿量、費用のヒアリングを行い、地域別・日別に按分・集計した。案件によっては一部正確な情報が得られないケースもあったが、マーケティング部門の経験から大きく外れない範囲で推定値を設定することにした。出稿媒体は、テレビやラジオ・新聞などのマス系、リスティング広告などのウェブ系、POP広告などの店舗系、会員向けクーポンなどの会員系の四種類に大別し、さらに投下予算の大きいテレビをマス系から独立させて、最終的に計五種類の広告出稿についてROIを評価することとして、役員会およびマーケティング部門の了承を得た。また、ビジネスの特性上、広告の配信と売上の間にタイムラグは少ないという意見から、広告配信は同日の売上に影響するものと仮定して販売データと結合した。

これら以外に、小売店の売上に影響する天候・カレンダー情報は、マーケティング部門と議論をしながら変数に落とし込み、地域の催事情報などは店舗から報告されている情報をイベント日として取り込むこととした。これらのデータと各種マスタデータを加えて数十GB程度の分析対象のデータセットを準備することができた。

1）　4桁で固定した場合、IDが1の商品は0001として記録する

分析環境

クライアントのオフィスの一角に、分析データを格納したワークステーションが用意され、分析の実務に携わるコンサルタントチームと、質問対応や分析のノウハウを吸収するためにデータ活用推進部の若手であるC氏が常駐する形となった。

ワークステーションはWindows系OSのハイスペックモデルで、分析用に事前に選定されたソフトウェアがインストールされていた。これは、将来的に分析の内製化やデータ活用を特定の部署に限定せずに広げていけるように、データ加工、統計解析、モデリング、可視化といった機能を包括的にカバーするソフトウェアとして選定されたものであり、社内での分析ソフトウェアを統一することで、分析のノウハウを蓄積することが狙いであった。また、分析環境はインターネットに接続していないため、分析に使用したソースコードはNAS[2)]に圧縮ファイルとして保存することで管理が行われた。

データ解析

プロジェクト開始時にクライアントからは、「社で初めての本格的なデータ分析プロジェクトであり、将来的には内製化も考えているため、できる限りシンプルな分析手法から始め

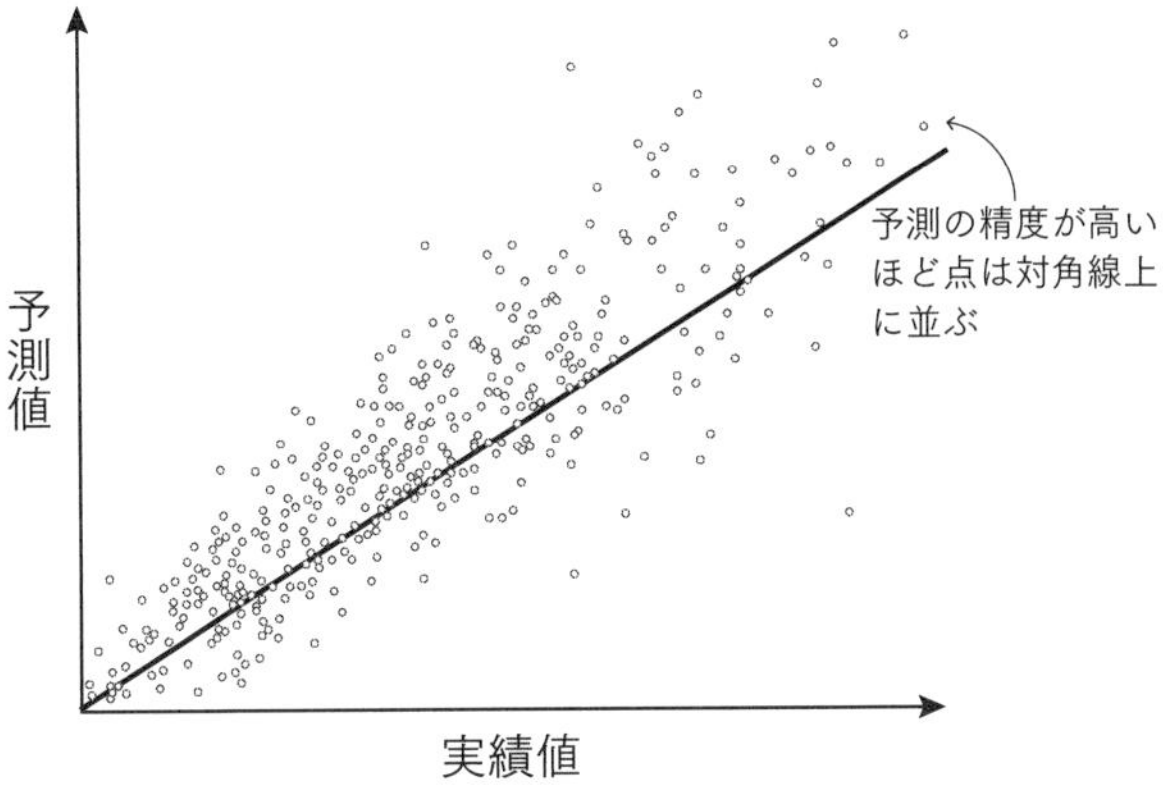

たい」という依頼があった。基礎集計の結果を踏まえながら、データ活用推進部とコンサルタントメンバーが議論を重ねた結果、実行できるどの手法でも得られるROIの精度には限界があるため、あくまで傾向を見て今後の予算調整に活かす、という点をまず念入りに確認した。その上で、ロジックのわかりやすさや解釈性の高さから、広告媒体への投資金額や天候・カレンダーなどの情報を説明変数、売上を目的変数とする線形重回帰モデルを作成し、その回帰係数をROIとして解釈する手法を選定した。その後、モデルの単純さを補い、精度を向上させるため、マーケティング部門から売上に関する経験則を集めながら、それらを各変数の加工という形でモデルに取り込むこととした。

2) Network Attached Storage：ネットワーク上で接続できるハードディスク

モデルの評価は、MAPE[3)]の他に、実績値をX軸に、予測値をY軸にとった散布図を目視で確認し、予測精度の偏りがないかを確認した。最終的にはMAPEが約9％でバランスの取れた分布のプロットができたため、一定の精度が得られたものとして、このモデルから得られた係数をもとにROIの算定を行った。

得られたROIの妥当性を確認するため、まず以前から個別にROIの算定を行っていたウェブ系の値と整合性のチェックを行った後、マーケティング部門へのヒアリングを実施した。マーケティング部門からは、テレビやマス系広告のROIが他の広告と比べて肌感覚に合わず、過小評価されているように見える、という意見が出たため、C氏が中心となりマーケティング部門とコンサルタントチームでその理由を検討し、変数加工のロジックに組み込むことでモデルの調整を行った。最終的な分析結果は、予算調整に対する提案を含めてスライドにまとめられ、分析に使用したコードはマニュアルとともに納品された。

最終報告とその後

プロジェクトの最終報告会では、時間が限られていたこともあり要点を絞って、それぞれの広告の種類ごとのROIと予算の調整方針が報告された。社長を中心に今回の報告は肯定的に受け取られ、具体的な調整額を策定するようにその場で指示された。さらに、データ分析の結果に基づいて意思決定ができるようになった点が重要視され、今後の稟議について可能な限りデータ分析を行うこととされた。

最終報告後、データ活用推進部のメンバーに分析ツールの使い方をレクチャーし、今後の分析をクライアント側が主導で実施することとなった。最終報告会で指示のあった予算の策定については、データ活用推進部とマーケティング部門が協議し、ROIが低い広告については、目標のROIとなるために必要な分のコスト削減を行い、削減された予算を効率的に運用して以前と同じ出稿量を維持することでROIの改善を目指す、という方針で合意がなされた。

しかし、算出されたテレビやマス系に対する削減額は、マーケティング部門の想定より大きかった。そこで、店舗の広告事業やメーカー協賛金などの収益を、広告の投下予算額で按分した独自の分析を行い、今回のROI計算に加えることで、テレビやマス系広告予算の削減幅を小さくするような分析を行った。

この分析に対し、データ活用推進部の部長であるM氏は、広告事業収益やメーカー協賛金は、広告がなくても店舗が存在することで発生するものであり、広告予算の規模で収益を按

3) Mean Absolute Pecentage Error：予測モデルの精度指標の一つで、予測値と実測値の差を実測値で割り、その絶対値の平均をとったもの。比率で誤差を評価したい場合に用いられる。

分するのは恣意的だと反発した。しかし、役員が出席する報告会では、手法の詳細や解釈上の制約に踏み込んだ議論をする機会は得られず、マーケティング部門の独自分析の結果は、単により広く正確に収益効果を算出し直したものとして議論が展開していった。

社長の号令や最初の分析結果が多くの役員の前で好意的に受け止められ、データ分析による主張が社内の稟議に強力な影響力を持つようになった一方で、分析の妥当性についてはあまり深く議論されなかったため、次第に以前の報告との整合性や参加者の分析結果に対する感覚だけで判断されるようになってしまった。

データ分析が社内に浸透するにつれ、稟議のイニシアチブを取るために分析ツールの活用は進んだが、一方で通したい意見にそれらしいストーリーと数字を付けて、いかに先に稟議の場で発表するかが競われるようになっていった。結果として、データの活用としては壊滅的な文化が醸成されてしまった。

本来の分析目的は広告予算配分の適正化であり、恣意的な調整が加わったにせよ、ＲＯＩの優れない媒体の次期予算を減らし、代理店との値引き交渉などを促したことで、予算の効率化に向けて最初の一歩を踏み出すことはできた。しかし、分析結果をある程度操作できてしまう状況を防ぐことができず、一時的に効率化された予算配分は、翌期にはＲＯＩが改善したとして、そのほとんどが以前の状態に戻ることになり、分析の目的を十分に果たせたとは言えない結果となってしまった。

失敗の原因と対策

●意思決定者による技術的な理解の軽視

一般的に、大きな会社組織の頂点に近い人物ほど、技術的な内容についてはあまり詳細に語られない傾向がある。特に、年功序列型の人事制度の名残がまだ消えていない日系企業では、昨今急激に流行りだしたデータ分析に関して、実務経験のある専門家が経営層の会議で十分な発言力を持ちにくいという事情もあり、意図的に調整されたデータ分析の結果が報告された際に正しく解釈することが困難な場合が少なくない。

現実のデータ分析では様々なことを仮定せざるを得ないが、恣意的にデータや分析手法に手を加えたり、分析結果の切り取りを行ったりすれば、**どのようなストーリーであってもほぼすべてが正当化できてしまう**、という問題が存在することを忘れてはならない。意思決定者として最低限の分析リテラシーを身につけることはもちろんのこと、可能であれば、分析の妥当性を検証できる体制を整えるべきだと考えられる。

●政治的な意図に対する無関心

データ分析そのものは、社内政治とは無関係に、事実に基づいて行われるべきだが、その結果が組織の意思決定に重要な意味を持つ以上、**データ分析の実施や結果の利活用は決して**

政治的な側面から逃れられない点は注意するべきである。

今回の例で言えば、広告費の最適化というテーマが設定された時点で、マーケティング部門が管理している予算の配分に疑義を持たれていることは明白であり、マーケティング本部長のN氏としては、自身の判断で設定している配分を勝手に変えられたり減らされたりしたくない、という思惑があったことは想像に難くない。実はデータ活用推進部に移動した若手のC氏は、マーケティング本部長のN氏から明確な意図を受けて送り込まれており、結果的にデータ分析の結果を意図する方向に誘導できるようになったことで、むしろN氏は強力な社内政治の武器を手に入れることになった。

このように、データ分析そのものから一歩引いて考えると、異動までして送り込まれてきたC氏は避けようがないにせよ、マーケティング部門が分析結果の解釈に関与したことによって、明らかに利益相反が生じていることがわかる。データ分析において、実務の詳細に関する情報は重要なため、これらの実務部門とプロジェクトメンバーが密に関わることは避けられないが、データ分析の結果が誰にどのような影響をもたらすのか、それによってどのような利害関係が発生するのかを常に考え、分析の方針や結果の解釈について独立性を維持できるように配慮する必要があると考えられる。

CASE 15

プロダクトアウトでもドメイン知識は大事

クライアントは大手企業のグループ会社X社で、位置情報を提供している会社になる。X社の担当A氏は若手社員で、彼にとって初めての新規事業開発として、売上の立つ新規データサービスの開発を命じられていた。データサイエンティストB氏は分析担当として、同じグループ会社であるテック企業Y社のコンサルタントと協力してクライアントであるA氏をフォローしつつ、位置情報を利用した新しいデータサービスのPoCを提案する立場であった。「ここをターゲットとした新規サービスにしたい」、「こういったアウトプットを期待している」などの明確なプロジェクトの方向性があるわけでもなく、与えられた条件としては「位置情報を使う」というものだけであった。

今回のプロジェクトの真のゴールは、位置情報を使った何かしらのサービスのPoCとなるデータを作成し、A氏からX社の顧客へのプレゼンを支援し、受注につなげることであった。

主なステークホルダー

●クライアントの担当者：A氏

X社の若手社員。今回のプロジェクトで売上の立つ新規事業を開発したいと考えている。新規事業に対するアイデアや、既存顧客からの新しいサービスのリクエストなどを提案する。また、分析者B氏からの提案を評価し、サービス実現性について考える。

●分析者：B氏

Y社からの依頼を受けて、このプロジェクトにおける分析実務を担当。担当者A氏、PM氏に分析結果の共有と新しいサービスの可能性を提案する。

●プロジェクトマネージャー：PM氏

X社からのコンサルタント業務を受注しているテック企業Y社のプロジェクトマネージャーで、いくつかのプロジェクトを掛け持ちしている。担当者A氏とともに営業に行くこともある。

データと分析環境

データはグループ会社X社のサービス利用者の位置情報であり、潤沢な量があった。また分析者B氏は、X社と同じグループのテック企業Y社に常駐しており、整理された整然なデータと潤沢なリソースを持ち、分析者にとってはまさに理想的な環境にいた。前任者などが残してきたすぐに利用できる関数などもあり、位置情報の基本的な分析を行うのに苦労することはなかった。

BIツールを使いデータを可視化したり、簡単に利用できるPoCを作成したりすることで、X社の顧客に活用のイメージを持ってもらい案件の獲得につなげるような、営業の手伝いをする環境は整っていた。

データ解析およびPoC①

B氏がまず始めたのは、位置情報の履歴を用いたクラスタリングであった。これにより、よくいる地点、つまりは生活圏を推定することができる。生活圏情報を用いることで居住地、勤務地などがわかる。また、利用者は簡単な属性情報を持っているため、勤務地×居住地×年齢といったデータを取得することができる。

担当者A氏とディスカッションをすることで、これらのデータを用い、地方から上京してくる新卒社員など土地勘のない人に、勤務地の最寄り駅から居住するのに適した駅や沿線などをレコメンドするサービスの素材となるデータが作成できることがわかった。そこでB氏は、早速BIツールを用いてPoCを開発した。データの解析、BIツールでの開発にそれぞれ二週間程度かけ、勤務地の範囲を指定するとそれに対応する居住地がわかる仕組みを作成した。属性情報を利用すれば、これらの関係をより細かく見ることも可能であった。

A氏に、このPoCの結果をX社の顧客である不動産情報提供企業へ持っていってもらったところ、感触はいまいちで、以下のようなフィードバックが得られた。

・アンケートなどでこれらのデータは取得できる
・居住地を決める際に勤務地は大事だが、勤務地だけによって居住地が決まるわけではない
・そもそも居住地の決定には、現行の勤務地まで何分以内の物件だけ表示する機能で十分

言われてみれば生活圏の推定は、確かにデータを購入してまで付けたい機能ではない。

データ解析およびPoC②

あまり良いフィードバックが得られなかったので、生活圏の情報を他に利用できないかという話し合いがもたれた。一つの生活圏内に同一企業が複数店舗を出店する場合、顧客の取り合いが起きることになるが、このデータを用いることで適切な出店計画ができるのではないかという仮説が立った。B氏がプロトタイプのダッシュボードを二週間程度で開発し、出店頻度の高いコンビニやファミレスに営業をかけた。

営業をかけた結果、コンビニやファミレスは近隣に複数店舗があることからわかる通り、そもそも自社内での顧客の取り合いを気にせず出店計画を立てることが多く、需要がないことがわかった。

データ解析およびPoC③

その後、X社はガソリンスタンド運営企業Z社から、新しい道路の建設によって変化する交通量の調査依頼を受けた。この依頼は、国道Sから別の国道Tへ市街地を抜けないと通行できず、市街地の混雑を解消するためにバイパス道路の建設が予定されており、そのバイパスによってそれぞれの国道の交通量がどのように変化するのかが知りたいというものであった。従来の予測方法は、国道Sから国道Tへ市街地を抜けてどれくらいの車が行くのかを一台ずつ後ろから追いかけ、その情報をもとに交通量を予測するというものである。この方法では多大なリソースと時間がかかる上、正確性が高いわけでもない。

これと同様のことが位置情報を用いてできないか、というのがZ社からの課題であった。B氏は、そもそもデータの取得頻度が数時間に1回であったため、このような高精度な予測には対応できないことをA氏に説明した。ただ、国道Sからそのまま国道Sを移動したと思われる位置にいる車の数、国道Sから国道Tに抜けて移動したと思われる位置にいる車の数、国道Sから市街地に入って停止している車の数を算出し、おおよその交通量を推測することは可能であるとも説明した。Z社はこのざっくりとしたデータでも構わないということで、A氏は無事にデータ提供案件として新規に受注することができた。

失敗に対する振り返り

データから取得できる付加価値をもとに、プロダクトアウト的発想でプロトタイプまで作成し、すぐにでもPoCが始められる状態でプレゼンしても受注にはつながらない。顧客が抱えている問題や、顧客の商慣習を知らなければ、どんなに良いと思うものを作ってもリソースの無駄になる。反対に、顧客から求められているものや、顧客の問題を解決するものであれば、精度が悪かろうがただの集計だろうが必要とされ、受注につながる。

この経験から、新規事業を始める際には分析によってできることに当たりをつけ、この分析によって解決できる問題、そうした問題を抱えている業界を綿密に調査し、**確度が高い状態を確認してからリソースをかけるべきであった**という学びが得られた。

CASE 16

スタイルの違いが引き起こした混乱

大手製薬会社では、データ分析環境を長年利用していた統計システムから、コスト削減しつつモダンな環境へと変更し、持続的な開発を進められるようにするため、統計プログラムを、オープンソースのR言語に切り替えることを決定をした。

すべてのプログラムを自分たちでR言語に切り替えるのは難しかったため、よく使うプログラムを数本選び、プログラムの変換を行うことにした。

このプロジェクトに参加するメンバーは長年使われていた統計システム言語の利用には慣れていたものの、R言語については習熟しているメンバーとそうでないメンバーが混ざっている状態でプロジェクトはスタートした。

対象プログラムについては、プロジェクトが部門内に閉じていたこともあり、スムーズにプログラムを選定することができた。また、環境についても近年R言語を開発・運用するにあたりデファクトスタンダードとなっているRStudio社のIDE（RStudio Server）を利用することになった。変換する対象のプログラムと環境が揃ったことで、プロジェクトは開始された。

主なステークホルダー

プロジェクトの体制

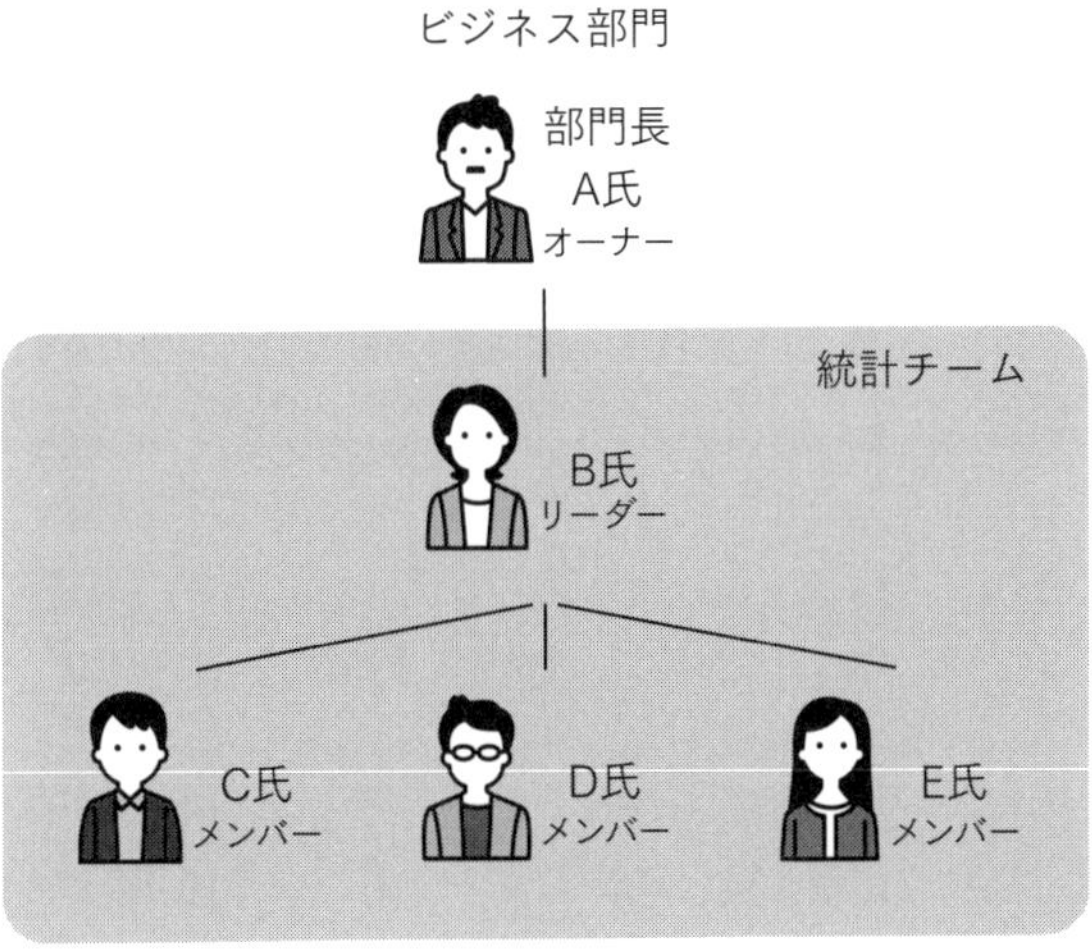

●ビジネス部門

部門長　A部長：プロジェクトオーナー

統計チーム　B氏：プロジェクトリーダー（R言語は数年前触り始めた初級者）

統計チーム　C氏：プロジェクトメンバー（R言語上級者）

統計チーム　D氏：プロジェクトメンバー（R言語未習熟だが、十年以上前の大学時代に触ったことあり）

統計チーム　E氏：プロジェクトメンバー（R言語未習熟）

分析環境と開発スタイル

今回の開発環境としては、RStudio社のRStudio Serverを利用し、複数人でも同一環境で開発が進められる環境を整えていた。

ただし、同一の環境とはいっても、開発したRファイルは、OSのフォルダベースでの管理となっており、RStudio Serverに付属しているProject機能を使った管理は行われていなかった。さらに、開発スタイル（コーディングスタイル、利用パッケージなど）も個々人のスタイルと習熟度に任せられている状態で開発はスタートした。

開発の進め方としては、スコープの一連のRプログラムに対して一人が担当する形で進められることになった。（例えば、傾向スコアマッチングを行う統計プログラムがあった場合、そのモジュールすべてを一人が担当する）

R言語に未習熟なメンバーもなんとか自分なりに調査しながら、プログラムを書き進めることができている状態だった。

課題の表面化

R言語なのに見たことのないコーディング？

統計チームD氏が、受け持っているプログラム（重回帰分析を行い、製品ごとの予測販売量を計算するプログラム）を古いシステムからR言語へと変換していた。プログラム自体は変換できたものの、古いシステムよりも実行処理が遅く、困っていた。そこで、プロジェクトリーダーのB氏にプログラムを早くできるポイントはないかを相談しに行った。D氏が作成したRファイルをB氏に渡して見てもらったところ、B氏からはこのような返事が返ってきた。

「Dさん、これはR言語で書かれたのですよね？　私が見たことがないプログラミング言語なのですが…」

当初D氏はB氏が言っていることがよくわからず「これはR言語なのですが」と反論をしたが、B氏の言っていることは変わらなかった。B氏がC氏を呼び、D氏のプログラムを見せたところ、

「ああ、なるほど。Dさんが作成されたプログラムは、Rが広く使われるようになってきた頃のコーディングスタイル、オリジナルな書き方をしているんです。B氏が見たことがないと言っているのは、もしかしたら、ここ数年でR言語を学んだからじゃないでしょうか？」

そう、D氏が書いたプログラムは、Rがもとから標準的に備えているコーディングスタイル[1)]による書き方だったのだ。

D氏は十数年前に大学の研究室でR言語に触れて以来、ここ最近のR言語には触わっていなかったため、Tidyverseと呼ばれる新たなパッケージが流行していることを知らなかったのだ。過去の参考書を使ってR言語への変換を行ったため、このような書き方になってしまっていた。

また、E氏もD氏から情報のレクチャーを受けていたため、このような書き方で自分のプログラムを書いていた。E氏のプログラムではパフォーマンスが遅くなるという事象は幸いにも発生していなかった。しかし、他のメンバーとコーディングスタイルが統一されていなかったので、他のメンバーからするとE氏が作成したコードは属人的なスタイルで、読みにくく、メンテナンスが難しいと感じるものであった。

プロジェクトリーダーのB氏は一旦作業を止めさせ、A部長に現状を報告した。A部長は状況を理解し、各関係部署にプロジェクトの遅延が発生する可能性が出てきた旨を知らせ、調整を行った。プロジェクトメンバーは、この状況を再発させないため、コーディングスタイルを統一させるルールを話し合うことにした。プログラムはある程度変換が完了したものもすでにあり、新しいコーディングスタイルを適応させ、テストを行うために数週間程度の遅延可能性を見積もった。

動いていたはずのプログラムが動かない？

この課題が生じていたのとほぼ同じタイミングで、ある人の環境だと動くのに、他の人の環境だとプログラムが動かないという事象が起きていた。

E氏が開発したプログラムをB氏のRStudio Serverで動かそうとすると、期待通りには動かなかった。エラーをよく見てみると、「パッケージがインストールされていません」という内容のエラーが表示され、プログラムが最初の方で止まっていることがわかった。

対象パッケージがインストールされていない（R側で認識されていない）という状況は、後続の処理でこのパッケージ内の関数が動かなくなるということであり、プログラムの実行が完了しないことを意味した。このため、利用パッケージの再調査や、廃止されてしまったパッケージの代替パッケージの調査など、追加の工数がかかってしまった。

別途設けたB氏の環境で必要なパッケージをインストールした後に再実行したところ、期待通りに動かすことができた。

1) Rがもとから標準的に備えているコードは、繰り返し処理を行う「apply()」系、行・列を追加する「rbind()」「cbind()」、データの昇順・降順を指定する「order()」、データフレームへのアクセスを行う「df[x, y]」「df$a」、チャートを書ける「plot()」などがある。

失敗の原因と対策

今回の失敗の原因の一つとして、以下が考えられる。

事前のルール設定の甘さ

○コーディングスタイルの設定、徹底
○パッケージ利用ルールの徹底（特にバージョン管理）
○パッケージをRStudio Serverの共通ライブラリから呼び出す

このような設定を事前に行っておくことで、個々人の経験やスキルセットに極力頼らずメンバーが書くコードに統一性を持たせ、クオリティを担保できるのではないかと思われる。特に今回のケースは、右記3つを事前に定義しておくことで、余計な手戻りや、検討する時間を減らすことができたと考えられる。ここ数年Tidyverseという概念を取り入れることで、直感的なデータハンドリングやビジュアライゼーションのコードを書けるようなパッケージが登場している。初心者や上級者に限らず、Tidyverse関連パッケージを利用することで、コードの生産性、修正のしやすさなどが担保されるのではないだろうか。

最後に誤解がないように言っておきたいのは、この失敗事例はR言語特有の事象ではなく、Pythonはじめ他の開発言語でも起こりうるということである。事前に開発環境に合わせたスタイルを選択・決定しておくことで、このような無駄な手戻りを防ぐことができるはずだ。

CASE 17

いくら分析したところで、売れないものは売れない

２０１０年代初頭、その頃の携帯電話は電話としての機能だけではなく、電子メールや様々なアプリを使うプラットホームとしてすでに定着していましたが、スマートフォンの出現によりその市場が一気に塗り替えられました。リッチなＵＩを持ったアプリを入れ、いつでもどこでもインターネットにつながり、自由なコミュニケーションができるデバイスであるスマートフォンは、その後爆発的に普及しました。スマートフォンのアプリは画面も広く、ダイナミックに動かせるので、そこに表示される広告はこれまでのテキスト広告と比べてよりリッチな表現が可能となり、アプリへの広告掲載も爆発的な広がりを見せました。

すると次に訪れたのは、通常のウェブ広告と同じように、誰にどの広告を見せるとより効果的か、コンバージョン率が高まるかという広告マッチングとその最適化でした。ウェブ広告ではクッキーが「誰に」を判別する手がかりとなっていましたが、アプリへの広告配信ではクッキーの替わりに端末ＩＤを利用して、そのような広告配信システムを作ろうと、あるウェブ系広告代理店がスポンサーとなってチームを結成しました。

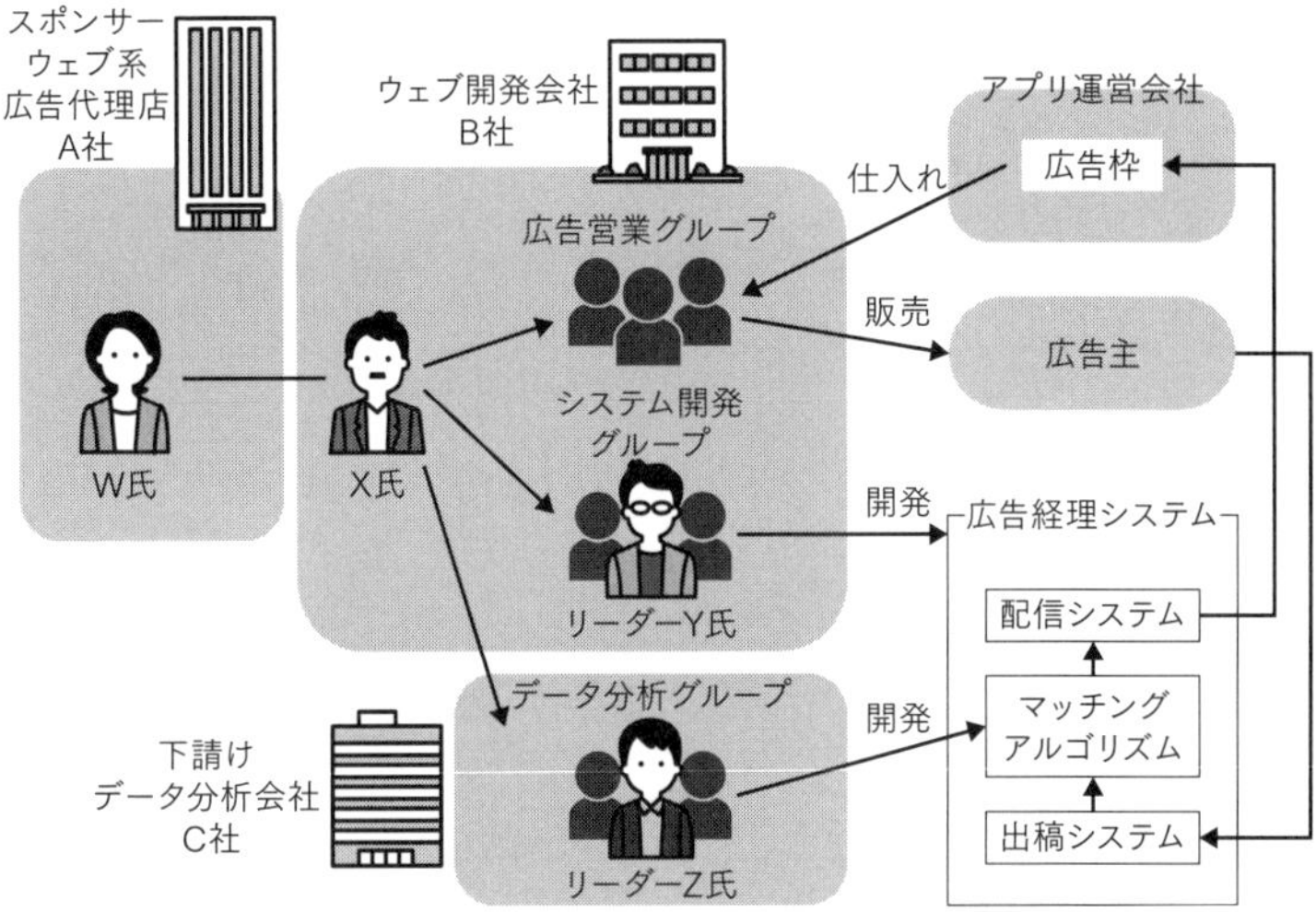

主なステークホルダー

●A社（ウェブ系広告代理店）：W氏

A社がこのプロジェクトのスポンサーで、W氏がその窓口。A社はウェブ広告では最先端を走っていたものの、スマートフォンの普及には少し乗り遅れてしまい、W氏はそれを挽回したいと思っている。データ分析がそのキードライバーとなり、従来型の広告営業ではなく、データ分析に支えられた新しい仕組みを導入する必要があると感じている。

●B社　広告営業グループ、プロジェクト統括：リーダーX氏

広告営業グループは広告枠を集めることと、集めた広告枠を広告主に販売することが主な業務。今回のプロジェクトがW氏とX氏の発案から始まった経緯もあり、広告営業グループおよびそのリーダーであるX氏が、A社のカウンターパートとして本プロジェクト全体を統括していた。X氏はインターネット黎明期からウェブ開発、インターネット広告などの周辺にいて知識は豊富、アイデアも持ち、コンサルタントとしては重宝されるが、自分で手を動かしたことがなく、技術的なことは苦手。

●B社　システム開発グループ：リーダーY氏

本プロジェクトのシステム開発もB社が担当することになり、X氏の下でシステム開発グループが開発を担当。Y氏はそのリーダー。Y氏はその高すぎる技術力で猛烈に稼ぎまくるので、B社内でも特別扱いされ、X氏はY氏に頭が上がらない。その一方で、技術的なこと（ユーザビリティを含む）以外には一切興味がなく、本プロジェクトの成否にも特に関心はない。

●C社　データ分析グループ：リーダーZ氏

C社は本プロジェクトのデータ分析グループとして、B社の下請けのポジションで参画。そのリーダーZ氏はW氏、X氏とも面識があり、プロジェクトの構想段階から呼ばれてアルゴリズム開発の可能性を議論していた。システム開発の経験はなく、分析アルゴリズムを開発するところまでを担当し、あとはB社に運営を任せる予定だった。

データ分析

まずはデータ分析チームがアプリ履歴を使った広告マッチングのアルゴリズムを検討することとなりました。今でこそアプリ履歴による広告のパーソナライズは当たり前になり、利用ログや広告反応ログも大量に残りますが、当時はまだスマートフォン黎明期で、広告マッチングをしようにも教師データが存在しませんでした。つまり、アプリの利用ログはあるものの、広告側のデータがほぼなく、あったとしてもそれをアプリ使用履歴と紐付けることは、当時の手持ちのデータでは不可能でした。

そこでデータ分析チームは、過去データを分析するのではなく、これから取得されるデータに対して広告出稿を最適化していくアルゴリズムを提案しました。具体的には、アプリ使用履歴（利用頻度や時間帯など）を使ってユーザーをクラスタリングし、そのクラスタに対して広告をマッチングさせ、クリック率はオンラインで機械学習にかけ、最適化していこうというアイデアです。クリック率が上がる方向に向けて自動的に改善されていくので、広告主はユーザーのクラスタを意識することなく、最適化されたマッチング結果が得られることになります。

分析の結果

ユーザーのアプリ使用履歴に対してクラスタリングを試みたところ、大きな課題に直面しました。

アプリ使用履歴は、対象アプリが増えれば増えるほど利用頻度の裾野が広くなっていきます。つまり、巨大な利用者数、利用回数を持つごく少数のアプリと、利用者数や利用回数が非常に少ない大多数のアプリに二極化していきます。ただし、巨大な利用回数を持つアプリといっても総数に対してはさほど多くはありません。例えば、利用回数の上位は、利用回数の平均や中央値とは比べものにならないくらい大きな利用回数を持っているのですが、上位アプリだけを束ねても全体の数％程度にしかならず、広告売上を増やしていくには巨大なアプリだけを対象にしていくわけにはいきません。よって、裾野を構成する何千というアプリの、一つひとつは少ない広告枠をいかに束ねていくかが広告ビジネスの成否に直結します。

実際Ｘ氏が統括する広告営業チームはすでに利用者数の大きいアプリの勧誘を一巡し終わり、もはや大きな広告枠を仕入れられなくなってきたので、ユーザー数の少ないアプリの勧誘にシフトしていました。例えば、ある企業のリリースしているアプリを何百件分束ねて計何万ページビュー、という形で広告枠を仕入れてきます。

そこで分析チームは、アプリ側も、どのような利用者が、どのような時間帯で、どの程度の密度で利用しているか、という情報をもとにクラスタリングし、面的に広く拡散したアプリの裾野を束ねていくことにしました。つまり、利用者側を利用傾向、つまりどのようなアプリ（群）をいつどの程度利用するかでクラスタリングしつつ、同時にアプリ側も利用される傾向、つまりどのような利用者（群）にいつどの程度利用されているかでクラスタリングして、販売できる広告枠へと再構成し、パイロットバージョンの実施にこぎ着けました。

広告枠が売れない

システム開発グループはY氏の指揮の下、広告配信側のシステムおよび広告出稿側のシステムを同時並行で開発しました。やはりシステムというモノを作るので、開発費はかなりかさみます。データ分析は分析するだけではビジネスになりませんから、その成果を活用するためのシステム開発に分析の十倍程度のコストがかかることは覚悟しなければなりません。逆にいえば、プロジェクト全体の規模の十分の一程度が分析にかけられる費用になります。

さて、システム開発も一巡し、広告枠が流れ込んできました。あとはそれを売るだけでしたので、分析システムのプロトタイプをシステムにつなぎこみ、データが上がってくるのを待ちました。

Z氏は従前から、本番はパイロット版のローンチ後であり、広告に対する反応のデータが上がってきたらそれを教師データとしてオンライン学習すること、そして学習結果をもとに後続の広告を最適に配分することをプロジェクトチームに伝えていました。そこで、率いるデータ分析チームは、データが上がり始めたらすぐ動き出せるように、オンライン学習の仕組みを整え、調整する体制を取っていました。もちろん、テストデータでの挙動は確認しているものの、実際のユーザーの挙動がどうなるかは想像上のものでしかありませんから、何が起こるかわかりません。

ところが、システムが動き始めているのにデータが一向に上がってきませんでした。それもそのはず、広告枠が全く売れていないのです。一体、広告営業サイドは何をしているのだろうと思い尋ねたところ、次のような回答でした。

- パーソナライズされる広告というと、「誰に?」と尋ねられる。自動調整される仕組みではこれに明確に答えられないため、広告主が仕組みを信用しない。
- 例えばこのようなユーザークラスタがある、という例を示すと、そのクラスタの広告枠は買いたい、他のクラスタの広告枠はいらないと言われる。

さて、そろそろA社およびW氏に対して資金回収の動きも見せていかなければならないX氏は、自身が管轄する広告営業チームが一向に売上を立てられないことに危機感を抱き始め、クラスタを切り売りする方向に動きました。「自動的に最適配分されます」では広告枠が全く売れないのだから、売れるものから売りましょうと。そうしないとプロジェクト自体が中止になってしまう、売れる広告枠が目の前にあるのになぜ売らないのか、それを売らずに中止になるくらいなら、まずは売ってデータを集め、それから調整しても遅くはないんじゃないか、と。Z氏は難色を示しましたが、X氏はY氏に広告枠単体で販売できる仕組みを依頼し、Y氏はそれを手早く実装して、クラスタ単体売りの仕組みが動き始めました。

売れるクラスタ、売れないクラスタ

さて、では売れるクラスタとはどんなクラスタでしょうか。それは、「お昼に○○アプリを使っているクラスタ」とか、「寝る前に□□を見ているクラスタ」など、特定のアプリ、特定の時間がありありと見えるクラスタです。そういうクラスタは広告主から見てわかりやすいので、売りやすい商品になります。

広告営業グループは、いままで分析グループが言う「ワケのわからない謳い文句」では全く実績を出せなかったのが、明確なクラスタを見せた瞬間に売上実績を出せるようになったものですから、どんどん踏み込んで勝手にクラスタを売ってくるようになりました。それを見てX氏は自信をつけ、Y氏にシステムのさらなる改善を依頼し、売れる枠からどんどん切り売りできる仕組みを実装していきました。売れなければプロジェクトの存続が危ういのですから当然です。

しかし、ある時期からパタッと売上の伸びが止まりました。売れるモノをおよそ売り切ってしまい、売りにくいモノ、つまり、明確な名前を付けられないクラスタが大量に売れ残ったのです。売れない広告枠の不良在庫です。名前の付けやすい、特定アプリに依存した広告枠は全体の広告枠の一、二割程度しかありません。残りはマイナーなアプリが束ねられた、わかりやすい名前を付けられないクラスタです。プロジェクトの設計当初より、大きなアプリだけに依存していてはビジネスが成り立たないからと、その他多くのマイナーなアプリの広告枠を仕入れ、それらの広告枠を束ねて最適化しながら売るつもりだったのに、仕入れた後から方針転換して、売りやすいアプリの広告枠が多く含まれるクラスタのみを売り払ってしまったのです。当然、売れ残ったクラスタには広告は出ませんから、広告に対する反応のデータも上がってこず、最適化アルゴリズムもうまく動きません。

さらに悪いことに、営業グループが枠を超える広告を取ってきてしまっていました。売上レベルで見れば全く枠が埋まっていないのでどんどん売りに行くのですが、そのすべてが特定の売りやすいクラスタに集中するため、売り切れどころか、空売りになってしまいます。かといって、「このアプリに出す」と約束して契約を取ってしまっているので、出さないわけにはいきません。そこでついに、クラスタをばらします。メジャーなアプリの広告枠の中で、他のアプリの広告枠と混ぜられ別のクラスタに含まれているものがあったので、それをばらし、メジャーアプリの広告枠をかき集め、販売するようになりました。つまり、分析チームの関与はすでに必要なく、広告営業グループの担当者が「〇〇アプリ」の在庫広告枠と広告主とを自力でマッチングさせる仕組みに落ちつきました。

結末

このあたりで分析グループはプロジェクトから外されました。クラスタを作り、広告在庫を最適マッチングするアルゴリズムが不要になったのですから、分析チームを維持する必然性はもうありません。赤字圧縮の意味もあったのでしょう。一方で、分析グループが致命的なミスを犯したというほどのことでもなく、ただプロジェクトの方向性が変わったという全員の認識だったので、円満に契約は終了しました。

また、同時期にW氏もA社を退社します。このプロジェクトが直接の理由ではなく、主に別の事情による退社でしたが、もしかしたら本プロジェクトが従来型の広告管理システムに落ちついてしまったことも遠因だったのかもしれません。

開発されたシステムはその後もB社によって運営されていたようですが、その後どうなったという話は伝わっていないので、なんとなく次世代の広告配信システムに吸収されていったのではないでしょうか。

時代は進み、昨今ではスマートフォンをベースとしたパーソナライズ広告の世界は巨大な資本がつぎ込まれる大きな事業領域になりましたが、今回の事例はその前夜のお話でした。

失敗に対する振り返り

この話の中で、データ分析視点での問題点は二つあります。

●プロジェクト開始時点で、何をどう売るかが見えていなかった

ビジネス用のデータ分析は**分析単体で価値があるのではなく、分析結果をビジネスの現場で活かして初めて価値になります。**だから分析者はアイデア段階からちゃんとビジネスの現場を想像し、分析結果を実装した後にどのような事態が発生しうるかをある程度予見する義務があります。なぜなら、データを回すことによって何が起こるかは、データを回した経験のある人にしか想像できないからです。このプロジェクトの場合、分析者は「広告枠をどう売るか」に注目すべきでした。モノを買うには理由が必要です。世の中にたくさんのモノ（広告枠）が存在する中で、この商品が選ばれるためには、顧客がこの商品を選ぶ理由を容易に納得でき、また、それをステークホルダーに説明できなければなりません。広告がどこ

に配信されるか、誰に配信されるか、どの程度のコンバージョンが期待できるか、それらがすべて「わかりません」という商品が売れるはずがありません。そういう商品になってしまうことを事前に予見し、売るための戦略をちゃんと詰めておくべきでした。

●販売方針転換の際に異議を主張しなかった

クラスタの切り売りを始めたとき、Z氏はその結果どういう事態になるかは予見しておりり、実際にそれを伝えてはいました。しかし、目先の売上にプロジェクト自体の浮沈がかかっている状態では強く主張できず、押し切られてしまいます。プロジェクト予算の大半はB社側に充てられており、小さなパーツを開発する外注業者というC社は弱い立場にあったと思います。ただ、**分析者の価値はデータから将来の様々な可能性を見通せるところにある**ため、その技術倫理に基づき、もっと強く異議を主張すべきでした。プロジェクトが大量の不良在庫を抱えることになってしまった原因は、契約上の責任はさておき、技術倫理の立場で言えば、そこを押し切られてしまったZ氏にあると言っても過言ではないでしょう。

データサイエンティストの人事事情

Data Scientist という言葉が日本で普及し始めたのは2010年頃で、ハーバード・ビジネス・レビュー誌が「データサイエンティストは21世紀で最もセクシーな仕事」と紹介した[1)]ために、ビジネスの世界でもデータサイエンティストは爆発的な注目を浴びることになりました。深層学習をはじめとするアルゴリズムの発展といった技術面の要素が注目されがちですが、それ以外にも、クラウドの登場により、良い性能のコンピューターを低コストで利用できるようになったこと、最新のアルゴリズムを実行するためのプログラムの多くがオープンソースという形で誰もが無料で入手できるようになったこと、など様々な要因が重なって、この十年間でデータ分析はビジネスの様々な場面に根を下ろすことになりました。

2019年の経済産業省によるIT人材需給に関する調査[2)]では、付加価値の創出や生産性向上に寄与できるIT人材の不足が示唆されています。人材供給強化のためのIT教育は国レベルで環境整備が進められ、注目の職業としての地位を確立することが予見されています。

一方で、筆者ら実務に携わる分析者からは、データサイエンティストとして入社したもののあまりに環境が合わずにすぐに転職した、また企業の人事部門からは、データサイエンティストを採用したが期待した通りの成果が出ない、など様々な失敗談を見聞きします。

そこで、こうしたミスマッチの要因を探るため、筆者の経験やヒアリングをもとに、現在データサイエンティストと一括りにされている職業について、実際に職場でどのようなことを期待されているのかという視点から、ざっくりと次の4つのタイプに分類してみました。

①研究者型

最新の論文を読み解き、さらに発展した機械学習やデータ分析手法を開発して、競争優位となる技術の開発を期待されるパターン。もともと社内に研究開発部門を抱えて情報技術が直接競争力の源泉となるデジタル企業の他、ロボットや素材などの製品を売り物にしている企業、あるいはそれらの企業に対して共同研究などの形で専門性を提供する企業などでこのタイプは求められることが多い。

---

1) Harvard Business Review: Data Scientist: The Sexiest Job of the 21st Century, 2012. (https:/hbr.org/2012/10/data-scientist-the-sexiest-job-of-the-21st-century)

2) みずほ情報総研株式会社：経済産業省委託事業　IT人材需給に関する調査　調査報告書、2019 (https:/www.meti.go.jp/policy/it_policy/jinzai/houkokusyo.pdf)

このタイプには、とにかく統計学や機械学習に関する深い知識が求められるという特徴がある。プログラミング能力についても、公開されたソースコードを読み解き、自身のアイデアを実装する必要があるため、一定の水準が必要となる。そのため、アカデミアや研究所に所属していた経験のある人が適任と考えられている。

このパターンにマッチする人材には、自分の書いたコードを他人がメンテナンスすることになるという意識が低いことが多く、保守担当のエンジニアを悩ませることも少なくない。ビジネス上の駆け引きはあまり得意ではなく、技術的なこだわりが暴走して、実務上何に使えるのかわからないまま走ってしまう事例もしばしば見られる。

②エンジニア型

機械学習などのアルゴリズムをシステムに組み込んで、ビジネス上の課題解決を期待されるパターン。アルゴリズムの実装がビジネス上の利益などに直結しやすいウェブ系企業で主に期待されていることが多い。

このタイプの特徴としては、機械学習などのアルゴリズムやライブラリに関する知識だけでなく、そのアルゴリズムにどうやってデータを流し込むか、必要な計算資源はどれくらいか、出力をシステムにどう反映させるかといったシステム設計全般のスキルが求められる。

エンジニア型に合致する人材は、研究者型とは反対に、保守性やソースコードの可読性にもこだわりのあるタイプが多い。可読性の低い分析プログラムを実運用に乗せるために苦労した人が多く、一回実行したらそれで終了するような分析が多い部署や、そのようなコードを書く人には時に攻撃的にすらなる傾向がある。自分の作成したものがユーザーにちゃんと使われているかという点には関心があるが、利害関係者が多く実用に至るまでに政治的な駆け引きや調整が必要になると、途端に苦手意識を持つ人が多い。

③アナリスト型

マーケティング調査など、データからビジネスの意思決定の補助となる示唆を導くことを期待されるパターン。一昔前の調査会社やコンサルティングファーム、事業会社のマーケティング部門や経営企画部などで、もともとは集計業務を担当していたチームからの需要が多い。

このタイプの特徴としては、統計学やＢＩツールなどを利用した集計・可視化の技術に加えて、ビジネス課題の整理能力、マーケティング理論など、担当する領域の理論に精通している必要がある。分析結果を用いた説明のためのプレゼン能力も重要となる。

このパターンの人材は、統計解析ソフトやＢＩツールの活用が得意な一方で、プログラミングやシステム設計についてはそれほど得意でない人が多い。主なタスクはデータから示唆を得て意思決定を支援することなので、分析の方法論よりも、どんな示唆が得られるのか、あるいは検証したい事柄のためにどのようなものが必要かといった視点でものを見る人が多い。

④エリートビジネスマン型

ビッグデータ、ＡＩ、デジタルで企業課題をなんとかしてほしい、という無理難題の実現を期待されてしまうパターン。ＩＴ業界以外の大企業においてしばしば期待される、魔法使いのようなデータサイエンティスト像である。

求められるスキルの内容や業務範囲は、企業側が自社のデータ活用の水準や目的を正しく理解できていない、または理解が曖昧なケースが多いため、企業によってまちまちである。戦略立案からビジネス課題の発掘、業務改善、新規事業開発とそれに必要なコミュニケーション全般といったビジネス寄りのものから、アプリケーション開発、データ基盤整備、場合によっては競合優位のための新規アルゴリズムの開発など、とにかく新しい技術を使って企業に貢献することであれば、あらゆる期待を寄せられることがある。

黎明期にデータサイエンティストと呼ばれた人たちの中には、これらの無理難題に応えてビジネスを成長させることに成功した超人のような人材もいるものの、基本的にはそのような人は極めて少ない。幸運にもそのような人材を獲得できた場合は、何も言わなくても事業を成功に導いてくれるが、有望な人材に正しい期待と機会を与えて成長を促すのが、このタイプの人材を獲得するための現実的な手段だと思われる。

企業とデータサイエンティストのWin-Winな関係

データサイエンティストの採用においては、社内に応募者のスキルを評価できる人がいなかったり、いたとしても採用において強い発言権がなかったりすることで、適切な人材を採用できないという問題もあります。しかし、そもそも企業側がどういう人材を採用したいのか、なぜ採用しようとしているのか、どう活躍してほしいのかという点が曖昧なまま、その人の経歴や印象で採用して失敗しているケースが少なくない頻度で見られます。

もちろん、データサイエンティスト側にも入社した後に現場のニーズに対応する柔軟さは必要ですが、採用する側も、一括りに「データサイエンティストの採用」として具体的に何を期待しているのかを提示できず、またそれに必要な環境やサポートを提供できなければ、価値を生み出すことは難しいでしょう。

このコラムで紹介したのはあくまでざっくりとした類型ですが、採用側は求める人材がどういったタイプなのか、応募側は自身がどのタイプか、あるいはどのタイプとして迎えられることを希望するかを、これらの分類をもとに考えてみると、ミスマッチを防ぐことにつながるのではないでしょうか。

もし具体的な粒度で期待するデータサイエンティスト像や業務の内容が描けないのであれば、データサイエンティストの採用の前に、まず自社のデータ活用について整理する、場合によっては整理ができる人を先に採用してから、採用戦略を練ることが重要です。

PART III

その失敗を超えてゆけ

CASE 18

カオス状態のBIレポート

大手製薬会社のIT部門では、ビジネス部門からの要望、例えば売上を日別で見たい、この品目を取り扱っている病院のリストを出したい、医師へのコンタクト数をMRごと・地域ごとに見たいといった内容に応えるべく、部門内のデータアナリストのリソースを使って要求に応じたSQLでの抽出作業を行っていた。

ただ、ここ数年のAI・データサイエンスの盛り上がりに乗り、ますますビジネス部門からの要望が強くなり、要件も複雑化していった。そのため、現在のリソースでは依頼された締切に間に合わない状況が頻発してしまい、社内クライアントであるビジネス部門からのクレームにつながってしまっていた。

そこで、ビジネス部門でコントロールできるBIツールを導入し、ビジネス部門からもオンデマンドでデータを取り出し、ダッシュボードを作れる環境を準備し、IT部門の負荷を下げるためのBIシステム導入プロジェクトが立ち上がった。

幸いなことに、このBIシステム導入プロジェクトは、IT部門、ビジネス部門の双方の

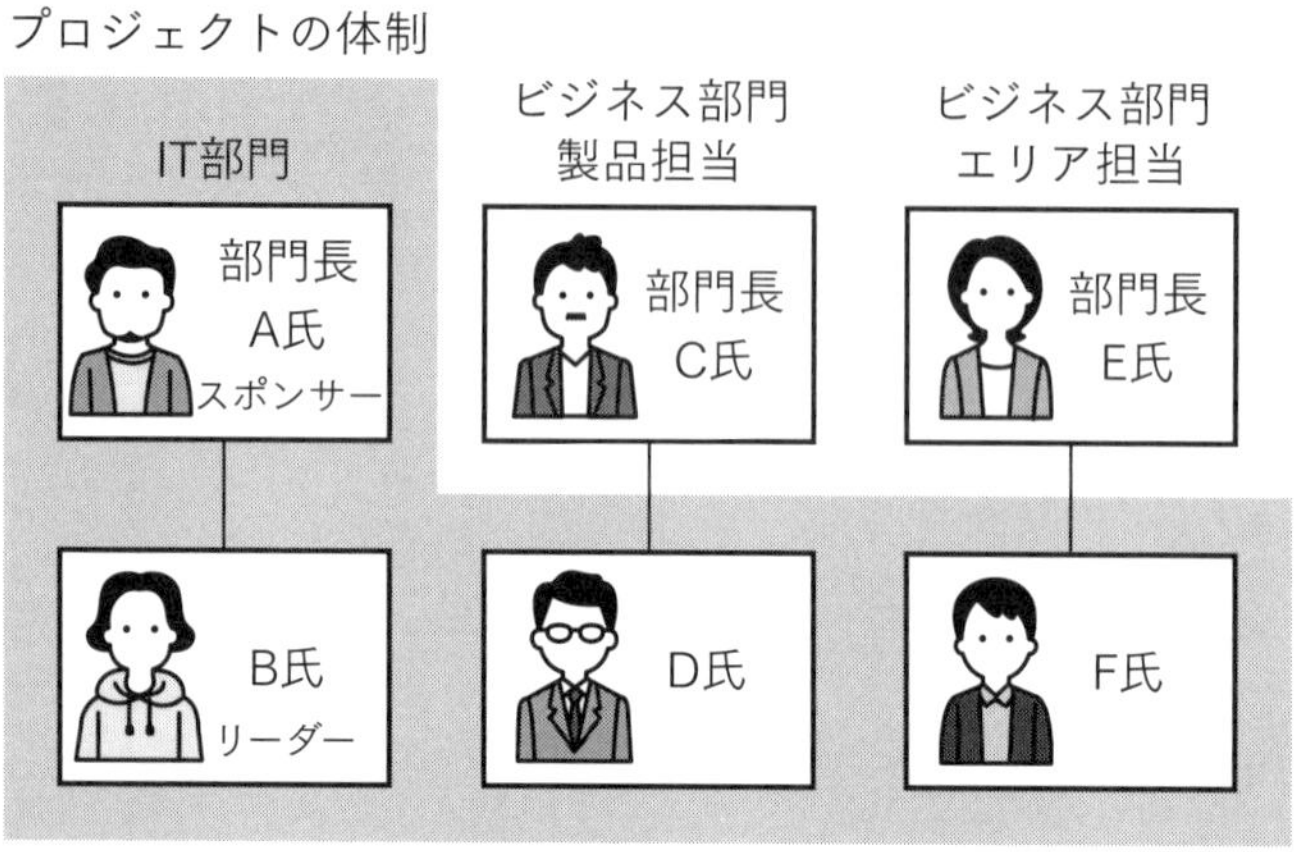

協力が得られたため、初期導入に成功、その後も各部門にて採用されるようになり、利用傾向も増加していた。

主なステークホルダー

●IT部門

部門長　プロジェクトスポンサー　A氏
プロジェクトリーダー　B氏

●ビジネス部門

製品担当　部門長　C氏
製品担当　プロジェクトメンバー　D氏
エリア担当　部門長　E氏
エリア担当　プロジェクトメンバー　F氏

ＢＩシステム分析環境

まず、インターフェースはビジネス部門が使いやすい点が最重要視され、

・データ抽出が簡単にできる
・データ加工や可視化がビジネス部門でできる
・ダッシュボードとして共有できる

などを考慮し、当時人気があり、業界の中でも比較的標準的に使われているＢＩツールの導入を行った。

右記の点ではＩＴ部門で必要と思われる機能（セキュリティ設定やユーザー利用管理、レポート利用状況など）は要件としては優先度が低く、ＩＴ部門でサポートはするけれども、実際の運用はビジネス部門でやってほしいという体制の下で導入されていった。

ＢＩシステム導入の背景としては、過去のビジネス部門とＩＴ部門とのプロジェクトで、ＩＴ部門がビジネス部門の要望するスピードで対応できなかったため、相互に相手に任せられるかどうか不安に感じていたということがあった。ビジネス部門は自分たちでコントロールしたいし、ＩＴ部門はあまり運用部分を持ちたくないという思いから、このような体制と

なった。

また、ＢＩシステムで重要なコンポーネントの一つとして、データベース（ＤＢ）がある。今回のＢＩシステム導入プロジェクトにおいて、データベースのアップグレードや新環境への載せ替えなど、ユーザー数（クライアント数）の要求については考慮されておらず、既存データモデル、データベース環境を変更せずに対応を行うこととなった。

ユーザーがどんなデータ分析をしていたか？

従来の目的に沿って、それぞれの部門で必要と判断されたレポートを作成していた。例えば、製品担当部門では、担当する製品の売上、担当者、エリアなどの分析軸を入れたレポートなどを作成し、社内での売上の推移、施策成功判断、施策へのテコ入れなどに利用していた。また一方で、エリア担当部門では、全国のエリア・営業所の軸を中心に各製品の売上、医師への訪問回数、メール送信・閲覧回数などを追跡して、営業活動の追跡、施策へのテコ入れなどに利用していた。

このような利用の仕方を容易にするのが当初のＢＩシステム導入プロジェクトの目的であり、当初の時点では満足度も高く、各ユーザーが独自のレポートをそれぞれ作成し始めていた。

導入が進むに連れ、マネジメント層への報告数値もこれらのＢＩシステムから出力された数字が使われるようになり始めた。

課題の表面化

ＢＩシステム導入プロジェクトがうまくいき活用が進んで数ヶ月が経過した頃、部門長間での経営会議の中で、とある数字が問題になった。製品担当部門で見ている製品別の売上と、エリア担当部門で見ている製品別の売上の総合計の数字が異なっていることがわかった。データのソースを確認すると、双方のレポートとも導入したＢＩツールから取得していることがわかった。

しかしよく調べてみると、双方とも同じデータソースから取っているが、それぞれ独自のビジネスロジックを途中に採用していた。例えば、エリア別レポートでは、副担当を付けてそちらにも売上配分を行っていたり、製品別では、一年以上前に終売しているが残った在庫を販売している製品については売上から除いたりしていた。

さらに調査すると、各部門内でも同一の数字と思っていた内容が、実際には違っていたというケースが存在してることが判明した。

経営に使う数字もさることながら、現場で利用している数字が異なっている事実を受け、定義の再確認・該当レポートの洗い出し・各レポートの修正などを行うことになり、少なくないコスト（三ヶ月程度）を支払うことになってしまった。

失敗の原因

このような課題が出てきたことで、根本原因を検証した結果、プロジェクトチームは以下のような結論に至った。

●ＤＢ側のデータマネジメントができていなかった

①各種テーブルに同じ意味のカラムが存在しているが、テーブル生成の際の処理で定義が異なっている数字が生成されていた。

②レポート利用者が必要なレポートを作成するため、それぞれに独自のテーブルを作成してしまっていた。そのテーブルをもとに、他のユーザーが誤った情報を含んだテーブルを再作成してしまった。

③ユーザーが作成するテーブルと、ＩＴ部門が管理するテーブルとが同一のスキーマに存在しており、メタデータが管理されていなかったために、ユーザーが好き勝手に独自の解釈で必要なテーブルを作成していた。

●ＢＩ側のレポートマネジメントができていなかった

①レポート側の「ゴールデンマスタレポート」（会社が認識している定義を反映した）を策定しなかったことにより、各部門による独自解釈がはびこってしまい、定義が混乱してしまった。

②部門内でレポートを好きに作成できるようになったため、個人視点での数百のレポートが作成され、適正なレポートを出すことができなくなった。

③部門まとめての数字を作成する際に、同一のデータソースにもかかわらず、各個人がそれぞれに作成したレポートの数字を集計していた。

●データ／レポートマネジメントを忘れていないか？

こういったＢＩレポート運用（に限らず企業単位で行う何かしらのレポート作成）に失敗、もしくは手間取る傾向は、どのような会社にもある。ＩＴ部門の統制を取り運用を安定的に行いたい部門と、ＩＴ部門に依頼するとビジネス部門のスピード感についてこれないと感じているビジネス部門との折衷案がこのような事態を引き起こしていると考えられる。

この事態の原因と特定された右記の原因は、「マネジメント」不足であった。ここでいうマネジメントとは、ＢＩシステムを円滑に運営するために適切なルールを設定したり、利用者に助言することと考えられるが、この組織ではその点に対してうまくリソースを回せず、このような混乱が生じる事態を招いてしまったようだ。例えば、ビジネス部門では利用者へツールの使い方や利用ルール、レポート改善案の吸い上げ・IT部門へのフィードバックなどを事前に決め、IT部門はビジネス部門が必要そうなデータを事前に準備しておき、ビジネス部門との定期的な意見交換会などを行い、**双方円滑にツールが運用できるような体制を作っておくべき**だったと思われる。

こういったBIレポートのマネジメントのTipsやノウハウはあまり表に出てきておらず、現状は各組織とも四苦八苦している模様だ。こういった事態に陥る前に、そのような予兆が出てきた場合に備えて、各BIベンダーに事前に相談し、BIレポートマネジメントのノウハウの提供を受けた方がよいだろう。事前に知っておき、適切なルールや運用を行うことにより、継続的で安定的な運用ができ、直接的なビジネス利益は産まなくても、迅速な経営・現場判断など、間接的にビジネス利益につながることは間違いない。

BIレポートを導入して終わり、でなく、データ／レポートマネジメントを忘れないようにすることで、BIツールの効果を最大化できると考えられる。

CASE 19

用意できたのは集計データのみ。予測精度はどこまで……

データ分析におけるコンサルティングや分析を受託する企業では、クライアントの課題を発見し、用意されるデータをもとに様々な角度から分析、施策の検討・提案を成果として求められる。

今回のクライアントは小売業界でもよく知られた老舗の企業であり、プロジェクトの推進担当者は別業界から鳴り物入りで参入してきたコンサルティング業界上がりのプロジェクトマネージャーだった。

データ分析会社Y社にはそんなクライアントに、最初のプロジェクトで社内に大きなインパクトを残し、成果を認めさせたいという気持ちがあった。そうした背景から、データ分析のコンサルティングや受託分析を行う企業の経営者である旧友のツテを頼って、案件を相談されることになった。

こうした背景をもとに、データサイエンティストD氏は、肝いりのプロジェクトに関与していくことになった。

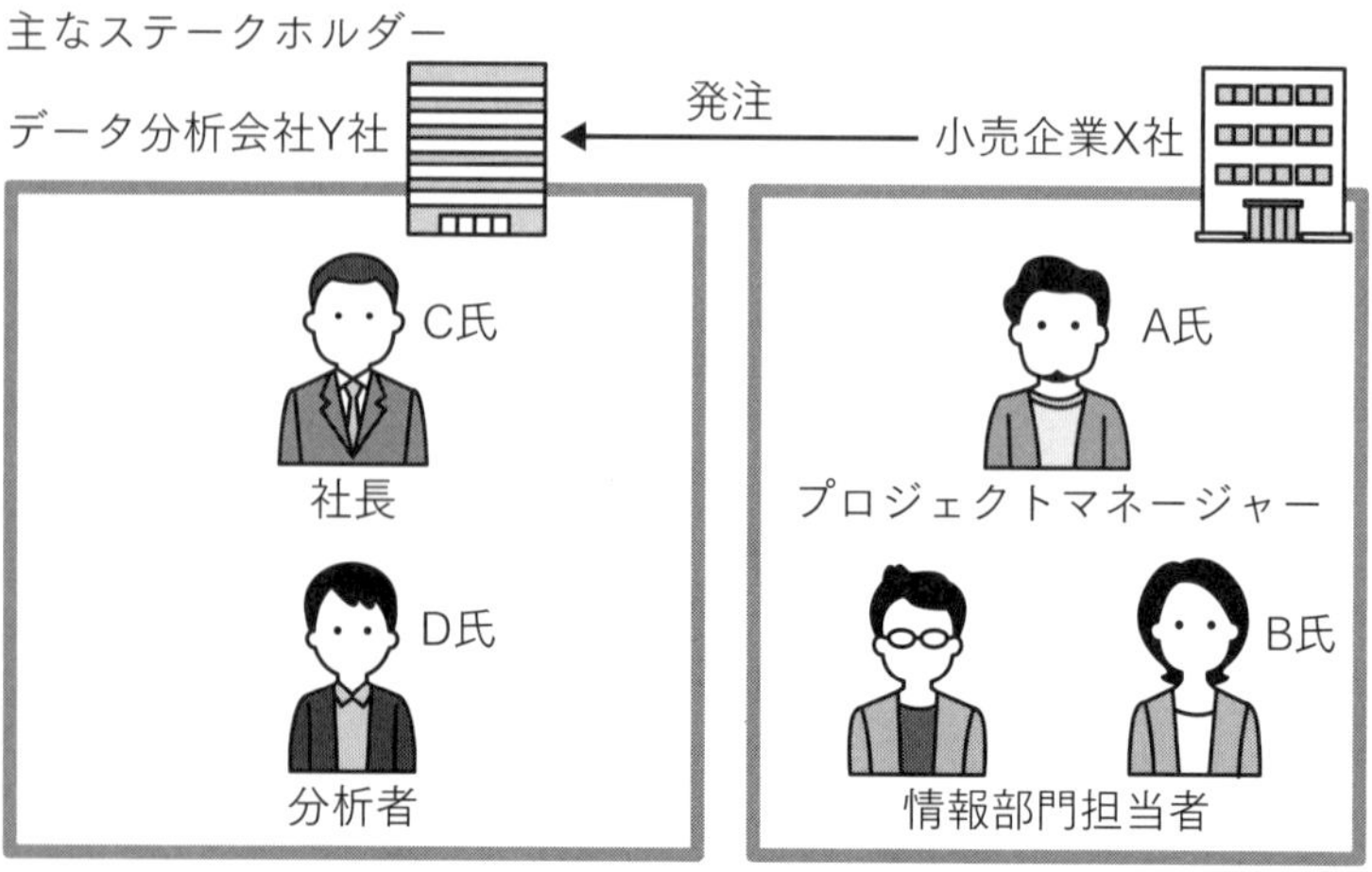

プロジェクトの目的

今回、プロジェクトで成し遂げたい目的は、過去のＰＯＳデータを分析することにより「最適な需要予測」を行うシステムを作り上げることだった。小売業界において、在庫リスクを適切にコントロールし、需要のある商品を最適なタイミングで提供することによって売買回転率を上げることは、ビジネスの成功指標と直結する。リスクを適切にコントロールし、販売の機会損失をなくすことが大きな目標だった。

まずは二ヶ月以内にＰｏＣとして、提供されるデータをもとに予測モデルを構築し、その精度を検証することでシステム化を検討する段取りでプロジェクトが開始された。

データ準備

プロジェクトの目的ややりたいことは非常にシンプルであるため、すぐさまプロジェクトはスタートした。まずはデータの手配である。必要なデータとしてリクエストしたのは、数年分のPOSデータ、商品マスタ、店舗マスタ、その他営業上必要そうなデータがあれば提供してほしいとX社にオーダーした。プロジェクトの期間が短い場合、データの種類を最初から多く提供されてもそれを扱いきれずに時間切れとなってしまうリスクがあるため、まずは必要最小限で最大の効果が得られそうなデータをオーダーすることが望ましい。

オーダーしてから数日後、担当のA氏から準備ができたとの連絡が入り、データを受領した。他社のデータを預かり、分析を行う際、まずはどんな種類のデータが提供されてきたのかのリストを構築し、クライアントと認識の差異がないかを確認する。事前にデータ提供者側が、リストやデータスキーマ、各データの種類や意味などのメタデータまでをきちんと準備してくれれば、このような手間は必要はないのだが、そうしたところまで配慮できるクライアントは、そもそも外部の企業に発注などはしてこないだろう。こうした細かい確認もプロジェクトの円滑な進行には重要なプロセスである。

さて、提供されてきたデータの中身を確認すると、ファイルが一つしか存在していないことがわかった。もちろんリクエストしたデータの種類に対して必要十分とは言い難い内容である。データの中身は、日次で集計された店舗ごとのPOSデータだけだった。分析工程において、日次で集計したデータを作る必要はあるが、元データがこれでは、細かい分析を行うことができない。例えば、時間別の売れ行きは日次でまとめられてしまっているために判別ができない。また、売れた商品が正規の価格帯で販売されたものか、値引きによって販売されたものかどうかの判別もできないのである。

すぐにクライアントに対して、生データの提供をリクエストした。時間も限られているため、提供されたデータからできる分析から開始していくことになった。

分析環境

分析環境については、ある程度自由に用意することができたため、AWSのRedshiftに元データを格納し、必要なデータの集計・抽出が可能な状態とした。また、今回の最終目的は時系列での予測モデルの構築であることが見えていたため、Rの環境を構築し、その中でモデリングを行うこととした。

データ解析

環境が整ったら、データの基礎集計を行うところからスタートするのが鉄則だ。今回は不十分なデータではあるが、それでもわかることは多い。まずは全体の売上商品点数や店舗別の売上点数の時系列推移、またＳＫＵ（商品ＩＤ）単位での集計を行い、傾向分析を行った。

今回のＰｏＣの対象として、「食品」カテゴリーのデータをもとに分析を行うことを事前に把握していたため、ＳＫＵから商品マスタとの紐付けを行い、対象データセットの時系列データセット群を準備した。

すると、そこである異変に気づいた。

商品ＩＤ別の時系列データをよく見ていくと、ある期間で断絶している商品ＩＤが実に八割にも及ぶことが判明した。ＳＫＵベースで名寄せしても仕方がないので、商品名で名寄せを行い、その謎の断絶を探していくと、商品マスタが季節で入れ替わっていた。

例えば、お弁当の例を挙げてみよう。「ハンバーグ弁当」のような商品は、年間を通して常設的に共有されており断絶がないのだが、「たけのこご飯弁当」のような季節性商品ではある限定された時期にしか供給がなされない。こうした商品の場合、春などの季節限定でＰＯＳデータにもログが蓄積されるのだが、翌年にまた販売される際には、商品ＩＤ自体が入れ替わってしまう状態となっていた。そのため、ＩＤの整合性を取り、同一商品と見なせるＳＫＵ群をまとめ、時系列データとして連続性を持たせるデータセットを構築した。

この季節性商品は時系列モデリングにおける性質と相性が悪く、最後まで分析者の頭を悩ませる属性となった。例えば、「土用の丑の日」や「節分」などの季節イベントがある。この日は通常の商品の売上は発生せず、「うなぎ弁当」や「恵方巻き」というような商品が突発的なバースト売上を記録する。こうした商品は異常値なので、分析対象データに含んでしまうと予測モデル自体の精度にノイズをもたらすために除外対象とした。

このようなわかりやすいイベントであれば、対処のしようがあるのだが、全商品に対して、どのような扱いが行われているかを分析者が高い解像度で知ることができないため、一定以上の除外は行わないこととした。これは店舗におけるプロモーションの状況なども同様である。

このように分析対象データセットを選別し、時系列の予測データとして約二年分のデータを教師データとし、その後三ヶ月の売上予測ができるのかどうかという問題設定を行った。評価指標にはＲＭＳＥ[1)]を用いて、誤差を最小化するようにした。

また、このプロジェクトは需要予測を目的としているが、需要の正確な数量を予測してしまうと、販売機会のロスを生む可能性があるため、予測値よりもプラス１～２個の定数を加算し、その解としてあてることとした。

データ解析にあたっては様々な努力をしてはいたものの、そもそもの商品特性によるデータの制約により、初回にリクエストしたデータは結局用意されることはなかった。そのため、日次の集計データのみでモデリングを行わざるを得ず、モデルの予測精度は60％程度まででしか向上させることができなかった。

解析結果の伝達

解析結果の伝達はＰｏＣの形式を取っていたため、レポート形式でクライアントに対して報告をすることになった。

結果的に、初回で受領したデータ以降の追加データは用意されなかったため、モデルの予測精度の向上についてもあまり好ましい結果を得ることができなかった。

なぜ追加のデータが用意できなかったのかという顛末だが、クライアントである担当者はまだ組織に加入して日が浅いこともあり、どこにどんなデータがあるのかを全く把握しておらず、手元で得られるデータ以上の情報を取得することを最初から想定していなかったよう

1） 二乗平均平方根誤差（Root Mean Squared Error）：予測モデルの精度指標の一つで、平均二乗誤差の平方根をとったもの

であった。こうした基幹系のデータはダッシュボードなどで報告されていることも多々あり、生データをどこで誰が管理しているかを知らないケースというのは非常に多い。

また、前述した通り、商品ＩＤが時期により変化する商品が多かったこともあり、そうした問題点を指摘しつつ、ＳＫＵごとの予測結果を吟味するような形となった。限られた二割の常設の商品に関してはまずまずの精度と運用イメージまでをもつに至ったのだが、全体的なシステムの刷新という意味では、それに足る結果とはなりえず、プロジェクトはここで終了となった。

結果の実行

解析結果の伝達によりプロジェクトが終了となったため、分析結果が実装に移されることはなかった。また、後からわかったことであるが、クライアントの発注システムの仕組み上、数量にロット単位で発注するという仕組みがあった。このロットは、1商品あたり6個単位というクセモノであった。分析者が頭を悩ませ、予測モデルで算出した最尤推定値にプラス1～2個という係数を乗せた単位で結果を算出していたのだが、ロット単位ではそんなきめ細やかな発注作業を行うことができず、仮にデータがすべて完璧に整い、精緻な予測モデルが構築できたとしても、業務オペレーションに乗せることは難しかったという事実があった。クライアントの担当者もここまでのシステム改修を見越したＰｏＣではなかったため、そもそもの問題設定や考慮すべき事項が甘かったという反省の多いプロジェクトとなった。

失敗の原因

今回の事例における失敗の原因は次の四つにある。

・分析プロジェクトの問題設定の甘さ
・分析に用いるデータを用意できなかったこと
・商品マスタの管理と運用の不備
・予測結果を組み込む先のシステムの見通しの甘さ

このように、データ分析以前の要因を多く列挙できるだろう。少なくとも、データ分析に必要な粒度でのデータが用意できない以上、プロジェクトとして推進していくことに無理があるため、**そうした実情がわかった段階でプロジェクトを止めるべき**であった。

こうしたプロジェクトの企画骨子を定める前に、**まずはデータを確認することが最優先**である。それがプロジェクトマネージャー側で叶わない時点で、データ分析のプロジェクトの進め方を見直す必要があっただろう。

また、仮に予測モデルの構築がうまくいった先に、既存の商品マスタとのつなぎ込みのイメージや発注システムとの業務フロー連携などが見通せていなかったことも大きな失敗要因となった。データ分析における部分としては、当時はProphet[2)]や状態空間モデル[3)]のような柔軟なモデルがまだそこまで利用されていなかったこともあり、ARIMAモデルのような時系列モデルを利用していたが、このようなモデルを用いていれば、もう少し精度の向上は望めたかもしれない。もちろん、適切なデータが用意できていれば、という大前提のもとでの「たられば」の話である。

2) Meta社が開発した時系列解析のためのRおよびPython向けのライブラリ
3) 時系列解析で用いられるモデルの一つで、ARIMAモデルよりも複雑な時系列モデルを構成できる

CASE 20

取ってびっくり、こんなに使えるデータは少ないのか

製薬会社におけるマーケティングは、主に医師をターゲットとして行われている。これは、どのような治療を受けるかの最終的な決定は患者自身が行うべきであるとされているものの、実質的には多くの場面において、専門知識を有する医師がどのような薬を使って治療を行うかの判断を担っていることに加え、製薬会社から直接患者への情報発信が行われることによって、医学的な専門知識を持たない一般の患者が製薬会社に誘導されてしまわないよう、様々な規制が存在するためである。

しかしながら、本来治療可能な病気であるにもかかわらず病気として認識されていない、あるいは、比較的負担の少ない治療法が認識されていないような領域では、製薬会社が患者について理解を深め、治療へのアクセスを阻害する要因を取り除くために適切な情報発信を行うことは、患者と製薬会社双方にとって重要なことである。

そこで、製薬会社A社は、SNS上で典型的な症状や関連するキーワードについて書かれた投稿を抽出・分析し、患者のニーズを把握するために、自然言語処理の技術を持つ分析会社B社へ分析を発注することとした。

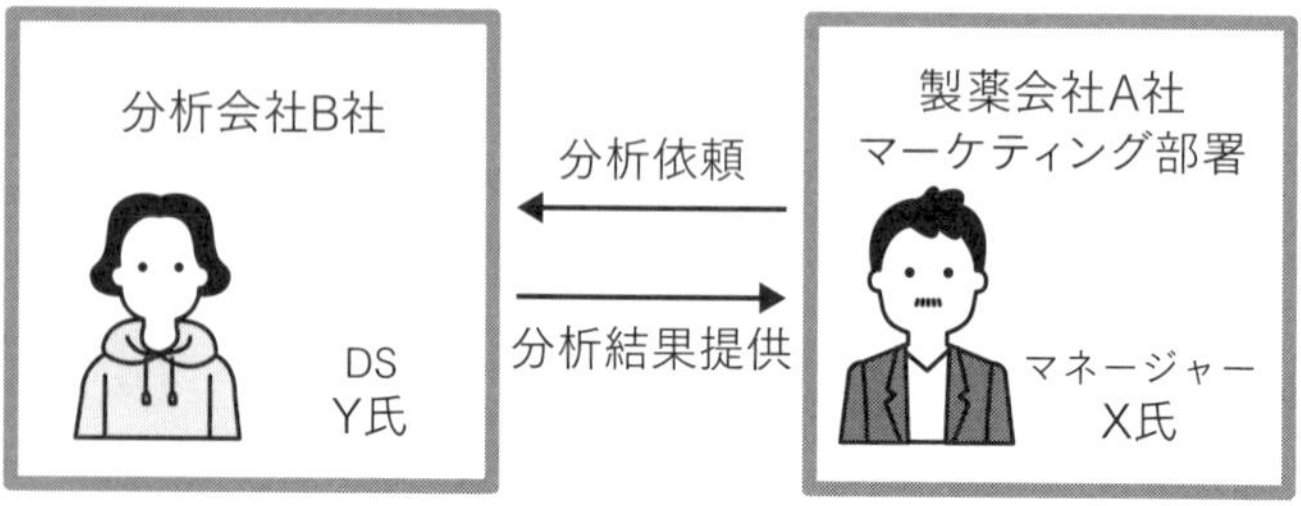

ステークホルダー

●製薬会社A社　マーケティングマネージャー：X氏

製薬業界で勤続20年以上の経験豊富な熟練のマーケター。これまでは製薬業界以外のことには関心が薄かったが、近年、デジタルマーケティングやデジタルトランスフォーメーションというキーワードに関心を持っており、それらが本当に自分たちの仕事に有益なのかを冷静に見極めながらこれらを導入していきたいと考えている。

●分析会社B社　データサイエンティスト：Y氏

大学で統計学を専攻し、広告業界でデータサイエンティストとして経験を積んだのち、分析支援を専門とするスタートアップに入社。デジタルマーケティング関連の分析支援を幅広く経験しており、技術とマーケティングの両面に精通している。

キックオフ

データサイエンティストのY氏は、製薬会社からの業務委託に際し、データを取り扱う上で必要なルールや義務についての講習を受け、契約書にサインをした後、クライアントであるX氏と具体的な分析の進め方についてディスカッションを行った。X氏には、SNSのデータをどのように分析するのか見当も付かなかったため、Y氏はキーワードを指定してSNS上の投稿を絞り込んで抽出する必要があることや、抽出された投稿のままではただの大量のテキストであるためそれぞれの投稿を分類したり、それらから特徴のあるキーワードを抜き出すことでインサイトを得たりする、といったSNSのテキストデータ解析の典型的な事例の説明を行った。

X氏は、今回のプロジェクトが普段行うマーケティング分析の規模と比べると二割程度と少額であり、期間も一ヶ月半と短かったため、次につなげられるような分析にしたいと、まずはSNSに無数にある投稿の中から、ターゲットとなる症状や疾患、薬剤や診療科についてのネガティブな投稿を集めることで、患者の抱えている悩みや困難の洗い出しを行おうと考えた。これに対しY氏は、機械学習を用いて、投稿されたテキストをネガティブとネガティブ以外に分類するアプローチを採ることにした。さらに、X氏たっての希望により、学習済みのテキストをポジティブ・ネガティブに判別（ポジネガ判別）する既存のモデルを利用するのではなく、最初の数百件分をX氏側で分類し、マーケティング上意義のあるネガティブな投稿を判別できるような学習モデルを構築することとなった。

中間報告後の方針転換

キックオフミーティング後、X氏より抽出に必要なキーワードを受け取ったY氏は、SNSから指定のキーワードで投稿を抽出した約千件分のデータをX氏に分類してもらい、その結果をもとに機械学習モデルを構築した。なお、キーワードには比較的ネガティブと捉えられるものが含まれていたため、手作業によって分類された投稿のうち、ネガティブと判定されたのは四割程度であり、判別対象が極端に「ネガティブ以外」に偏るということはなかった。

中間報告では、得られた全体のポジネガ判別に加えて、投稿日やユーザプロフィールによる分類ごとにネガティブと判定された投稿の割合の分析を行った。その結果を見たX氏は、解釈の仕方についてY氏に細かく質問し、アウトプットのイメージが早くも掴めたことに大変満足していたが、会議の最後に、自身がターゲットとしている領域により関係が深い投稿を抽出するためにキーワードの変更を要望してきた。プロジェクト期間がX氏の休暇を挟んでおり、中間報告の時点で残り期間が二週間しかないことを理由にY氏は難色を示したが、ある程度精度は低くなっても構わないというX氏からの発言と、最も時間がかかる学習用データ作成については、中間報告時のデータを再利用できるだろうと考え、キーワードの変更を受け入れることにした。

新たに設定されたキーワードの到着に約一週間かかってしまい、いよいよ期日が差し迫って来た中、SNS上からデータを抽出した段階で大きな問題が発生してしまった。キーワードが大幅に変更されてしまったため、抽出できた投稿の数が全体で千件程度、手作業で分類後のデータは百件未満、判別したいネガティブな投稿はさらに減って、二十件程度しか残っていなかったのである。

テキストを入力データとする機械学習モデルは比較的大量のデータを必要とするものが多く、このようなデータ量では当初の想定のような学習モデルを組むことができなくなってしまった。そのため、苦肉の策として、「辛い」「痛い」などネガティブだと判別するのに重要となるであろう単語を、キーワード変更前の学習用データから人力で選定し、その重要単語の有無をインプットとしたポジネガ判別モデルを構築することにした。元の学習データを利用して新しいモデルの精度検証を行った他、新しいキーワードで抽出された投稿についても、Y氏が直接判別を行い、概ね中間報告で行った判別精度と差異がないことを確認した。

最終報告

モデルの構築や検証は最終報告前日のギリギリまで行われ、Y氏はそこから大急ぎで発表資料にまとめたが、アウトプットの見せ方としては中間報告が好感触であったため、そのまま流用することでなんとか最終報告の準備を整えることができた。

中間報告と同様に発表し、報告は途中まで順調に進んでいたが、最後にポジネガ判別モデルの構築方法を変えた点について触れた際、一気に雲行きが怪しくなった。

X氏が険しい口調で、Y氏になぜ中間報告と手法を変えたのかと問いただすと、Y氏は判別精度が変わらないという結果を示しながら、目的であるネガティブな投稿の抽出には問題がないと答えた。するとX氏は、新しい手法に恣意性が含まれていないことをどう証明するのかと重ね、Y氏は確かに重要単語の選定は恣意的であったため答えに窮してしまった。

その後、Y氏は検証方法には恣意性がなく問題はないと説明をしたが、X氏は分析全体に対して懐疑的になってしまい、最終的には、もともと予定していた後段のB社への発注はなくなってしまった。

失敗の原因

●データ量に対する実現性の見積もりが甘かった

中間報告でX氏が「自身がターゲットとしている領域により関係が深い投稿」と発言している時点で、変更したキーワードによってデータが絞り込まれることは、予見できた事態である。Y氏はこの時点でX氏からのキーワードの変更を断るか、学習データが十分に得られないことを想定して、その場合にどう対応するかについて合意していれば、ある程度の問題は回避することができたはずである。

●手続きを重視するか、結果を重視するかの文化の違いに気づけなかった

製薬業界では、医薬品の効果を解析する際には解析結果が恣意的でなく、可能な限り科学的な真実を反映したものとなるように分析の手続きを重要視し、恣意性を回避するためにその変更には慎重な傾向がある。一方で、機械学習を活用するマーケティング業界では、手続きよりも精度の良い結果が期待できるかどうかを重視する傾向がある。キーワード変更後にY氏が考え出した方法は、実際に目的とする投稿を判別するのに有効なものであったかもしれないし、X氏の分析手法変更に対するこだわりは、「マーケティングのインサイトを得るためのデータを準備する」という目的を考えれば、習慣に囚われた過剰なこだわりであった

ともいえる。しかし、そのことについて最終報告の終盤ではなく、Y氏が分析手法の変更を思いついた時点でX氏とのコミュニケーションが取れていれば、精度はさておき無難に次のフェーズにつなぎ問題の修正を図るなり、X氏を納得させることもできたのではないかと思われる。

●機械による投稿のスクリーニングは必要だったか

学習データを作るために約千件のデータを手作業で分類しており、キーワード変更後に抽出できた件数も千件なのであれば、人力で捌ける範囲のタスクということになる。

また、この活動の最終的な目的は患者の悩みからニーズを探し出すことであり、そのために膨大なSNSのテキストを効率的に抽出しようという取り組みである。今回のようにすでにキーワードでSNSから投稿を抽出した時点で、**人力で読み下せる量なのであればそれ以上のことは不要**である。

もちろん、継続的に、頻繁にこのような調査を行う場合や、より広いキーワードを使って探索の範囲を広げるような場合は、機械によるポジネガ判別や特徴的な単語抽出などを用いて、人力で捌ける量にテキストを自動選別・圧縮することが必要になると思われるが、治療や医薬品に対するニーズの変化を考えるとそれほど優先度が高いことではなく、むしろその先の、**どのようにインサイトを導くかに中間報告以降の時間を費やした方がよかった**のではないかと思われる。

CASE 21

頑張って予測していたのは……

昔々、小売業×データサイエンス で何ができそうか、色々なＰｏＣを行っていた頃の話です。

小売業において適正在庫というのは常に関心の高い話です。特に生鮮食品は需要が高く賞味期限が短いため、在庫の多寡により廃棄ロスやチャンスロスにつながりやすく、利益に大きな影響を及ぼします。

販売数を予測し、適正な発注数を維持することで、ロスを減らし欠品をなくすということが重要です。今回の事例の企業では従来、発注数は過去の発注数を参考に、直近三週間の平均や昨年の同じ週、同じ曜日の数を使って決めていました。このような中で、データサイエンスを小売に取り入れようと、ＰｏＣ対象店舗での売れ筋生鮮に関して需要予測モデルを作成することになりました。

本プロジェクトにおける主なステークホルダーは、生鮮担当部署からプロジェクトマネージャーと担当者、データサイエンスチームからマネージャーと担当者の合計４人です。本プロジェクトは小規模なＰｏＣであるためメンバーは他にも業務を複数担当していました。

データと分析環境

本プロジェクトにおいて基礎となるデータは、ＩＤ-ＰＯＳデータから対象店舗の対象商品に絞り込んで抽出したデータです。元データは全店舗の全ＩＤ-ＰＯＳデータが含まれた巨大なデータですが、社内システムが整備されており、一店舗一アイテムの時系列データであれば、ＧＵＩで簡単に抽出できる環境でした。抽出したのは日次の客数と販売数が格納された時系列データです。データサイエンスチーム用のサーバー内に作った環境でJupyter Notebookを用いて分析やモデル構築を行いました。

分析・予測モデル構築

生鮮食品の特徴のためか、販売数は客数にかなり依存している、つまり、客数を左右する因子である曜日や天候の影響を大きく受けていることがわかりました。対象商品は輸入がメインで年中流通している食品なので、季節周期はほとんどありませんでした。実際の発注は、翌週の日次の必要数と一週間合計でどれくらい必要かの二つの数値があれば十分とのことでした。販売数予測が一週間先まででよいことと、日次の精度が求められるということで、時系列データをテーブルデータ的に扱い、モデルを作成することにしました。目的変数は日次の販売数とし、説明変数は日付から曜日や年・月・日、平日・休日、ラグ変数（前日販売数〜7日前販売数）などを作成し、降水量や気温など天気予報から得られる情報を付加したデータフレームを作成して、ブースティング系のモデルで予測することにしました。

モデル検証

ひとまず完成したモデルを、データサイエンスチーム内で検証していきました。外れ値的に売れていた日についての誤差は大目に見て、日々の予測が安定することを目指して、評価指標はRMSLE[1)]を使用しました。クロスバリデーション（時系列で一週ずつ検証セットとしてずらしながら評価）で精度検証したところ、割と安定して予測できており、本番導入しても問題なさそうでした。計算上は廃棄ロスが減って売上が改善しそうでした。

過去のデータで検証した結果について実際に現場で使えそうか、生鮮チームとデータサイ

1) 二乗平均平方根対数誤差（Root Mean Squared Logarithmic Error）：予測モデルの精度指標の一つで、損失として対数を用いるため、大きな誤差に対しても安定した評価が得られる特徴がある

エンスチームでディスカッションを行いました。そこでは、生鮮チームとしては機械学習モデル導入による効果の試算が必要で、そもそもロスには廃棄ロスとチャンスロスがあり、それら両方を改善させたいという大前提の話になり、これらは発注数の増減によってトレードオフの関係になるので、どちらを優先させるべきかの議論になりました。結果として、売り場の雰囲気やお客様の立場から考えて欠品、つまりチャンスロスの状況を避けることを優先するという結論になりました。

チャンスロスをなくすため、つまり欠品状態が起きないようにモデルで予測した販売数よりも少し多めに発注し、売り場の観察を続けてみました。そこで生鮮チームは大きな発見をしました。なんと売り場では毎日夕方になると欠品が頻繁に起きていたのです。予測した販売数より多く発注して売り場に並べているのになぜでしょうか。次のミーティングでは、「急激に需要が上がった?」「機械学習モデルが壊れた?」などの疑いも出ましたが、それほど時間をかけず結論に至りました。ID-POSデータには欠品の情報が入っておらず、売れた数は需要ではなかったのです。例えばその日に100個売れた、というデータがあってもその中身は、売り場で欠品を起こし準備していた100個がすべて売れたパターンと、需要がなくなって売り場にはまだ余っているけれど100個で販売数が止まったパターンの両方ありえます。この店舗では以前から欠品の状態が起きていたのです。

ID-POSデータから抽出した売上データがそのままお客様の需要であると妄信してい

ましたが、それが成り立つのは在庫が無限にあるときだけです。実際の売り場に在庫を無限に積むことは不可能です。売り場が空っぽになった日と売り場に商品が残っている日では、データが示す意味が違います。欠品が続いていたこの店舗でのデータが示していたのは需要ではなく、在庫をいくつ積んでいたか、すなわち店舗スタッフが発注した数ばかりだったのです。

つまり、機械学習モデルで予測していたのは需要ではなく発注数でした。

これが判明した後は、原点に戻り、以前より多めに発注して欠品が起きないような数を手探りで見つけ、しばらくそれで運用してデータを溜めることにしました。機械学習モデルで需要予測するのはその先の話となりました。

失敗の原因と対策

今回の失敗の原因としては以下が考えられます。

・廃棄ロスとチャンスロスのどちらを優先させるかについては、はじめにディスカッションしておくべきだった

・データが示す販売数について、欠品があったのかもしくは余っていたのか、分析者に想

像力が足りなかった

・データばかりを見て現場に目を向けていなかった

分析プロジェクトの教科書通りの落とし穴にハマったような印象です。対策としては、**当たり前のことをきっちりやっていく**ことです。

・ディスカッションを重ね要件定義を行う

・イメージのすり合わせを行う

・データが生成される背景を、ドメイン知識がある人から情報収集する

・データだけでなく現場も見ることで、データの生成過程に思いを巡らせる

CASE
22
木を見て森を見ずはキケン

あるホテル予約サイトを運営している企業に勤めているデータサイエンティストC氏は、より多くの売上に貢献することを期待されていた。ホテル予約サイトのビジネスモデルは「このホテル予約サイト経由での一回の予約に対し、X％の手数料をホテル側から受け取ることができる」というものである。したがって、より多く売上に貢献するためには、できるだけ多くの予約を、このホテル予約サイトのユーザーに行ってもらわなければならなかった。

事前の基礎集計から、ある特定の予約経路を辿った人のCVR[1)]は10％と非常に高くなりうるものであることが示唆されていた。

プロダクトオーナーはこのデータ分析結果をもとに「予約導線としてこの予約経路にのみ出現するウェブページが非常に魅力的なものであり、CVRを向上させるために一役買って

1）コンバージョン率（ConVersion Rate）：ここでは1訪問あたりの予約率と定義しておく

いるのではないか？　ユーザーが予約をすることに価値を感じてくれているのではないか？」と仮説を立て、ＵＸ／ＵＩの改善を通じてこの予約導線を改良し、できるだけ多くのユーザーを誘導しようと考えていた。一度にすべてのユーザーに対してこのＵＸ／ＵＩの変更を適用してしまうのはリスクであるため、Ａ／Ｂテストを行いその結果が良好であれば全体のユーザーに対して適用するという手順を踏む手はずになった。

主なステークホルダー

・当該ホテル予約サイトのプロダクトオーナー：Ａ氏
・ホテル予約サイトのＵＸ／ＵＩを改良するフロントエンドエンジニア：Ｂ氏
・基礎集計のサポートをしてくれるデータサイエンティスト：Ｃ氏

の３名でプロジェクトチームを成している施策。このメンバーは本プロジェクト以外にもこのような比較的小規模な改善を多数実施し、ホテル予約サイト全体のサービスの改善を担っている。細かな改善を多数・高速に実行する必要があることから、他のプロジェクトチームや自分たちの上司に特段の許可を得ることなく、自チームに閉じた形でＡ／Ｂテストやホテル予約サイトのＵＸ／ＵＩ改善を実行することができる。

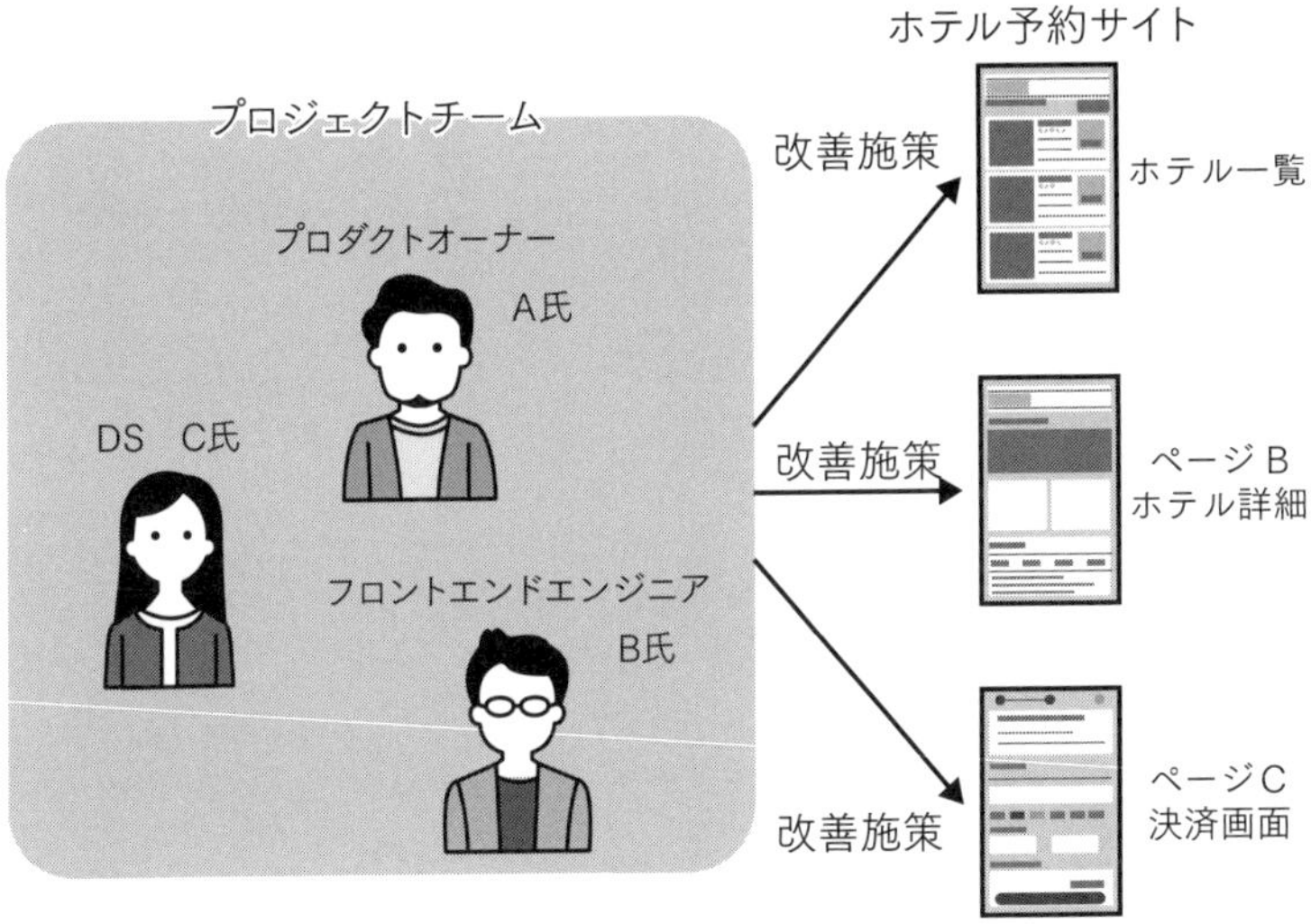

データと分析環境

本プロジェクトにおけるデータは、ユーザーが当該ホテル予約サイト上で起こした行動（ある特定のページを閲覧する、特定の条件で検索する、予約をする、など）のログである。これらのデータはユーザーがアクションを起こすたびに機械的に収集され、AWSやGCP、あるいはAzureなどのクラウド上に格納され、必要に応じてSQL形式のデータへのアクセスが常時可能な体制となっていた。

クラウド基盤自体の管理は他部署のデータ基盤チームが担当しており、当該プロジェクトにおけるメンバーは、このデータ基盤のユーザーである。SQLクエリの発行に関しては、すべてのパーティション[2)]に対する処理を要求するような大規模なクエリでなければ特段の制限はなく、自由にデータを分析できる環境が整っていた。

クラウド技術の発展により、クラウド上でのデータ分析環境については近年急速に平準化が進んでおり、このようなデータ分析基盤体制をとっている会社は多数存在する。

データ解析

前述の通り事前の基礎集計から、ある特定の予約導線を辿った人のCVRは10％と非常に高くなりうるものであることが示唆されていた。

仮説を検証するためのデータ解析は次のように行われた。まず、ホテル予約サイト訪問時の画面から予約完了画面に至るまでのウェブページの遷移を予約導線と定義する。予約導線を、ユーザーごとに適当な前処理（同じページへの遷移は一つにまとめてカウントするなど）を施した上で集計し、各導線でのCVRの差を比較し、より効率の良い予約動線を導出した。

失敗の詳細

この結果を受けA／Bテストを実施し、数％のユーザーのトラフィックを、高いCVRになっていた予約へと至るウェブページの遷移（予約導線）に寄せていく施策を実行した。ユーザーのトラフィックとは、ある時間間隔におけるユーザーのウェブページへの往訪を表す。過去、このような施策を何度も実施している経験から、このとき何％のユーザーをCVRの高い予約導線へと向けるべきかについての特段の議論はなく、「過去の経験上このくらいでよいだろう」という曖昧な数値を置いてテストを開始した。したがって、統計的に有意であるサンプルサイズを得られるまでの期間も不明瞭であった。

テスト開始から一週間が経過し、その時点でのCVRのパフォーマンスを見てみたところ、特に大きな向上は見られなかった。詳しく原因を調べてみたところ、「もともとCVRが10％である」という集計結果を算出する際に用いられたサンプルサイズが10サンプル（10ユーザ）しかなく、10という数字を鑑みるに、CVRの標準誤差が大きすぎて、そもそも信憑性に欠ける値であったことが判明した。

2）データ分割の単位のことである。通常、多数のパーティションを操作するクエリほど多額の料金がかかる仕組みとなっている。

失敗に対する振り返り

今回のプロジェクトにおける失敗には数多くの軽率なミスが含まれており、それらは大きく次の三種類に分けられる。

●基礎集計の欠如

今回のプロジェクトにおいては、基礎集計の確認とそのサンプルサイズを考慮に入れていなかった、という根本的なミスを犯している。事前に当該ルートを通った人数を集計してくれば、2万人のうち10人しか通らない経路であることは容易に判明し、このような無駄なテストを実行することはなかったのである。ここで注意しなければならなかった点は、ただ単にCVRという比率の量だけを見るのではなく、その分子・分母を構成している実際の数の大きさそのものにも着目しなければならないということである。これは、評価指標（ここではCVR）が比率の場合に起きやすいので注意が必要である。また、A／Bテスト実行時にサンプルサイズの見積もりをおざなりにしている点も問題である。もし仮にサンプルサイズの見積もりを実行していたのならば、自ずとCVRの分母となる数自体も気にすることになるため、このようなミスは起こりえない。

特に今回実施した平易なパス分析のようなものであれば、Googleアナリティクスの機能

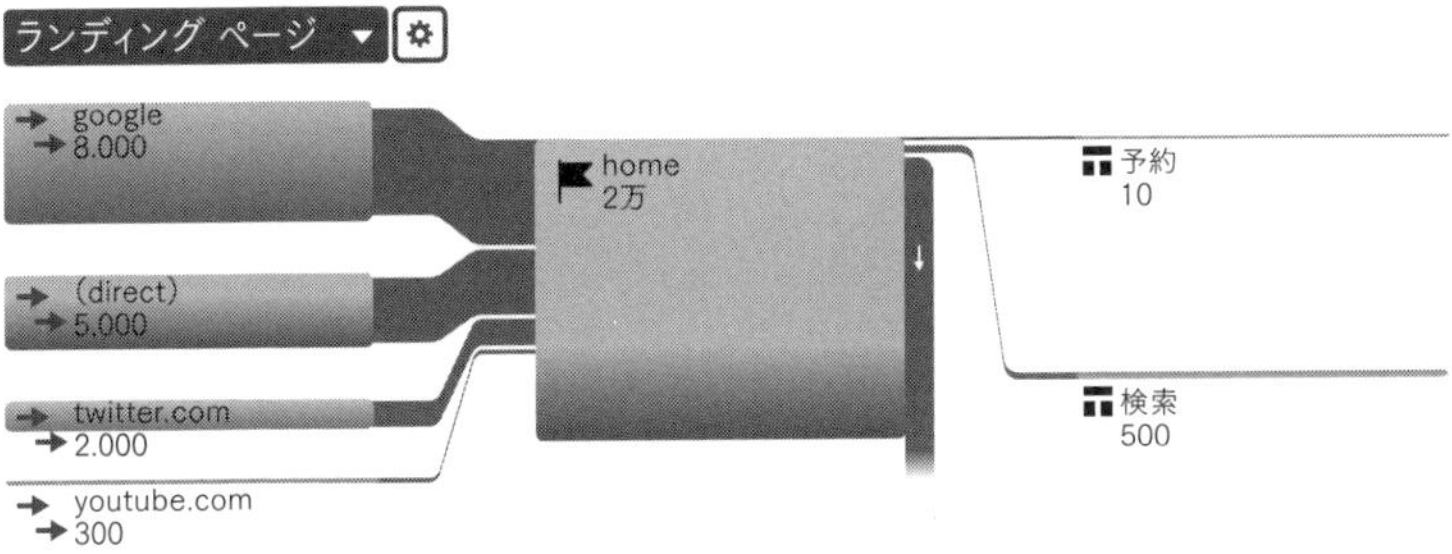

を用いて簡単に実施することができる。上のような行動フローの図から、どのくらいの人がどのページから来て、どのページに移るのかを確認することができる。可能であれば複雑な分析を行う前の検算も兼ねて、このような外部ツールを使うことも検討するとよいであろう。

●そもそも論としてのページ要・不要議論の欠如

ユーザーがホテル予約サイトを使って本当に行いたいことはホテルの予約という行為そのものであって、特定のルートを辿ることではない（ただし特定のルートやアフィリエイトサイトを辿った場合に高額のポイントを付与するなどの施策がある場合は別である）。本プロジェクト終了後、予約導線に関わるページの文言やボタンの色について、A／Bテストを通じて多数変更したが、試行錯誤の結果、**そもそもいくつかのページ自体が不要であり、それらを削除し予約導線を短縮すればCVRが向上し、その結果として売上も上がることが判明した。**このように「ページ自体を変更する」ことだけに焦点を当てるのではなく、「ユーザーのためにできる最も適切なことはなにか?」を意識し、前提条件そのものを疑い、仮説を立てて検証し打つ手を模索していくことが肝要である。

●因果関係の誤認

さらに、本施策においては、因果関係を誤っていた可能性が高いとも考えられる。「ユーザーが切に予約したいと考えている度合い（ホテル予約切迫度）が高い場合においてのみ、ほとんどの人が見ないようなページあるいは閲覧ルートを辿っているのではないか?」と考えると、これは「この予約導線を経由したから予約をしたくなって予約した」のではなく「もともと予約しようという高い切迫した欲求のあるユーザーが、より詳細な情報を求めホテル予約サイトの奥深くまで探索した結果として、このようなレアな閲覧ルートを取っていた」と考える方が自然であろう。仮にこの仮説が成立するとした場合、この状況におけるホテル予約切迫度は「交絡因子」と呼ばれる。この場合の因果関係を上の図に示す。矢印が因果関係を示しており、我々の仮説（ある特定のページを見たユーザーは予約をしやすいのではないか?）は破線で示してある。

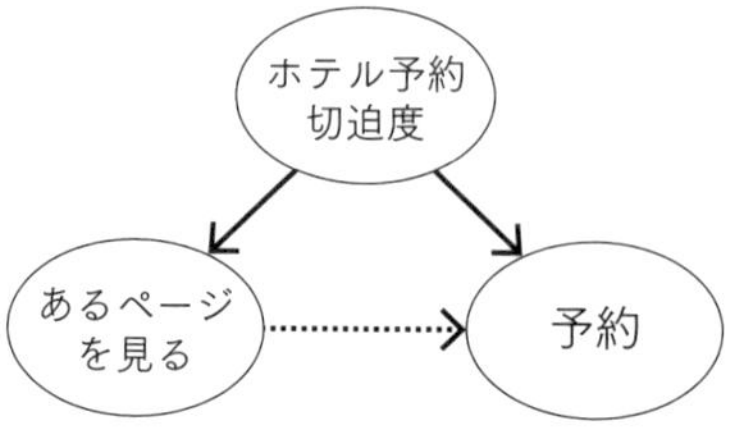

この仮説を検証し、実際にこの予約導線の効果（破線で示した因果

関係）を検証しようとするのならば、統計学的な調整を用いて、ホテル予約切迫度から「ある特定のページを見る」への影響（矢印）を何らかの手段を用いてブロックする必要がある。本プロジェクトの場合、検証したい予約導線のウェブページを見せるユーザー群と見せないユーザー群にランダムに割り当て、この両群におけるＣＶＲの差を検証するなどのアプローチを取る必要がある。

CASE 23

総人口の十倍を超えるＩＤ数との出会い

今回のプロジェクトは、自社開発のウェブ広告プロダクトの精度改善を目的としてスタートしたプロジェクトであった。広告のクリック率を上げるため、

①ログインユーザーに対する最適化
②非ログインユーザーに対する最適化

の２パターンのアプローチが行われた。本稿では、②の非ログインユーザーに対し、クッキー情報を用いた広告最適化に取り組む際に発生した失敗事例について紹介する。

ステークホルダー

ＩＴ企業Ａ社は、自社の広告プロダクト開発を行っている。比較的分業の進んでいる企業

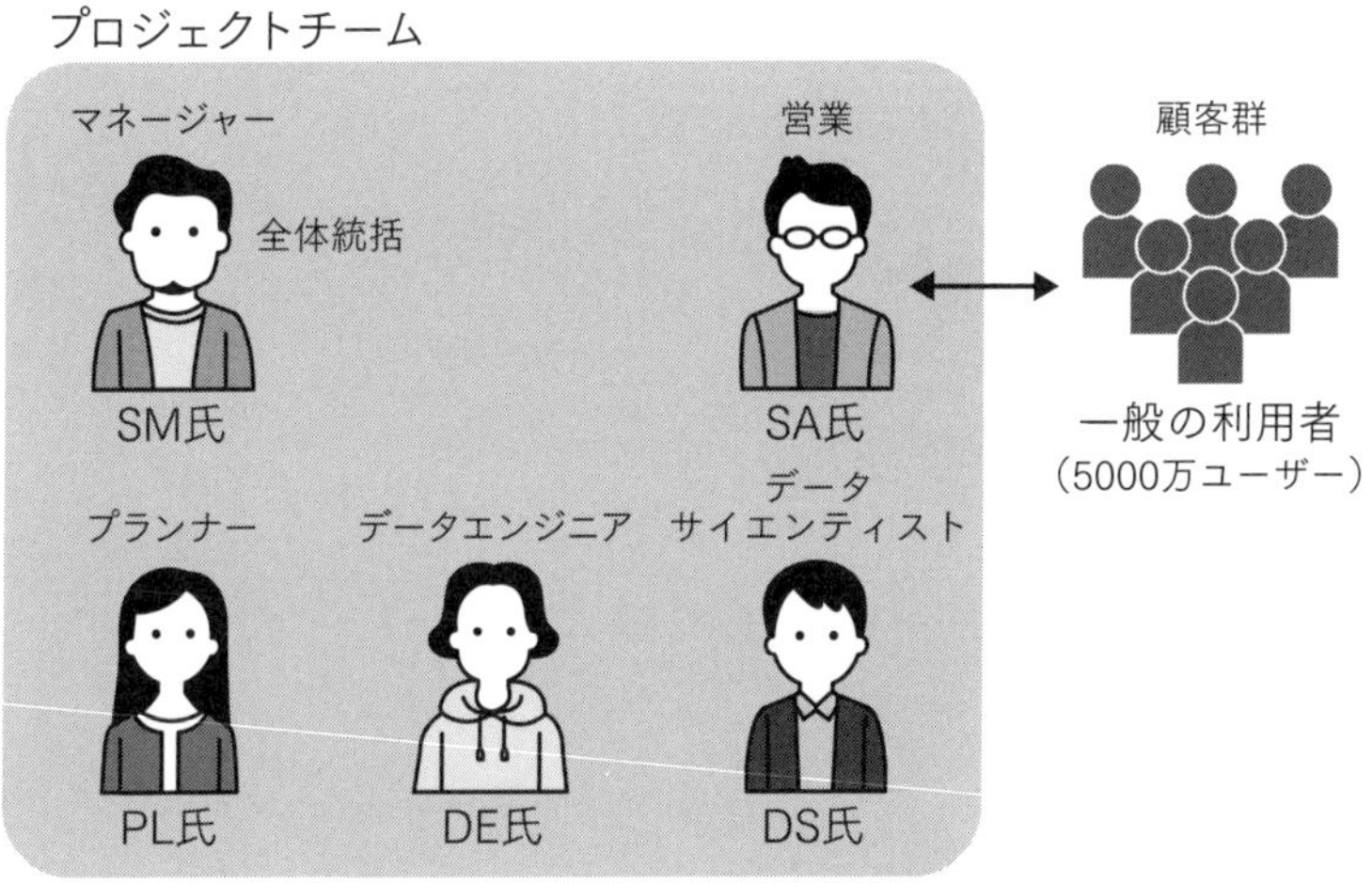

風土のため、プロダクト開発においても、以下のように役割が分かれている状態であった。

・サービスマネージャー：SM氏
・プランナー：PL氏
・データエンジニア：DE氏
・データサイエンティスト：DS氏

失敗に至る経緯

プロジェクト進行のステップとしては、以下の流れであった。今回は基礎分析のフェーズ3で課題に気が付き、調査・対応を行った。それぞれ順を追って説明する。

1. データ収集

A社は5千万人規模のユーザーを抱える大規模なIT企業であった。ウェブによる広告を商材として持っており、そのうち会員属性がわかるログインユーザーは約一割の5百万、そうではない非ログインユーザーが九割の4千5百万人を占めていた。

当時、ウェブ広告によるレコメンドやターゲティングの際に、ウェブブラウザに記録されるクッキーデータを用いることがアドテクノロジー業界（以降、アドテク）での一般的なアプローチの一つであった。クッキーとは、本来はログイン情報など、同じ情報を再度入力しなくてもよくするなどのユーザーの利便性を上げるためにブラウザ単位に保持できる記録情報のことで、アドテクの世界ではクッキーデータを機械的に解析することで、ユーザーに広告を出し分ける、などの取り組みがなされていた[1)]。

A社ではクッキーデータの収集をデータエンジニアのDE氏が、その後の基礎分析をデータサイエンティストのDS氏が、商品の設計をプランナーのPL氏が、そしてその商材の販売を営業のSA氏が担当し、全体の統括をサービスマネージャーのSM氏が担当していた。

2. 仮説構築

データエンジニアのDE氏が大量のアクセスログを集計している間、データサイエンティストのDS氏は粗い仮説を立て、コストの見積もりを行っていた。

ブラウザのクッキーは、デバイス数やブラウザの数に応じて増えていく。同じＰＣであってもブラウザを二つ使っていれば二種類、会社と自宅でＰＣを分けていれば二種類、スマホを持っていれば追加で一種類、タブレット端末を持っていれば一種類、といった具合である。１ユーザーでも４～５倍の数のユニークなクッキーの数が得られることをまずは想定した。

つまり、４千５百万の非ログインユーザーがいるのであれば、例えば単純に３～５倍のクッキー数があると仮定すると、１億３千５百万～２億２千５百万件のユニーククッキー数に着地すると考えた。

3. 基礎分析、そして問題発覚

二週間後、ＤＥ氏がかき集めた一年分のアクセスログを集計すると、想定を大幅に超える、十億超のユニーククッキーが結果として待っていた。

初期は集計プログラムのミスを疑い、コードチェックや月次に区切ったデータの集計などによる検証を行った。想定外の事態が起こったとき、多くの場合は自分の分析に落ち度があるものである。しかし、いずれも間違いはなかった。

1）最近はクッキー規制の動きが大きくなっているが、話が逸れるため本稿では割愛する。

次に、データエンジニアのDE氏にも確認し、データ収集時の問題の可能性について検討を進めた。しかし、データ取得処理自体にも特に問題は見つからなかった。

我々は想定の五倍以上のデータが正しく手元にある、という自体に見舞われた。すでにプロジェクト開始から一ヶ月が経過していた。

4. 調　査

我々は週に一度、プロジェクトの定例ミーティングを行っていた。右記の現象についてはいち報としてアラートを上げていたため、サービスマネージャーのSM氏を含むプロジェクトメンバー全体には、課題があることを早い段階で共有していた。

データの収集にも問題がなく、その後の集計にも問題はない。それではデータは正しい前提で、他の可能性はないか、ということでプロジェクトメンバー間で原因の可能性についてのディスカッションを行った。

真っ先に想定されたのは、海外からの不正アクセスである。しかし、今回のプロジェクトでは国内の接続元からのデータに絞っており、海外からのアタックの可能性は少ないという結論に至った。我々は他の可能性の探索に向かった。

多くの場合、データにはノイズが乗るものである。まずは現状把握から始めた。

①データの分布

まずは単一集計である。クッキーの数の推移に季節性がないか、などの集計を行った。夏休みや年末年始など、時期としては多少増減はあるものの、とりわけ目立った季節性については確認ができなかった。

②生データの観察

データ分析の際に、データ全体を俯瞰する一方、一つひとつの生データをなるべく多く観察する、という作業も気づきを得るための常套手段の一つである。今回は百のユニーククッキーに限定して、それぞれのユーザーが時系列としてどのようなアクセスログを残しているかの調査を行った。

アクセスログをクッキー別に眺めると、定常的なサイクルでウェブアクセスをしているユーザーがいる一方、一日以内、下手をしたら一時間以内でもう二度と訪問しないユーザーのデータも多く存在することが確認された。

③頻度集計

上記の観察をもとに、クッキーごとにアクセスログが何日間使われていたか、について集計を行うこととなった。すると、八割のクッキーが一日で使い捨てにされており、さらに詳しく調べると一、二時間での利用で使い捨てにされているということがわかった。トラブルの本質について、おおよその予想が立てられる状態となっていた。

④別軸のデータとの結合

上記の発見により、「使い捨てにされている八割のクッキー」についての検証が行われた。使い捨て、という時点まで問題が絞り込めていた我々は「アクセス元のＩＰアドレス」とクッキーをセットにした集計を行った。いくつかの特定のＩＰアドレスから、大量のクッキーが発生していることに気が付くことができた。

5. 対 応

対応としてはシンプルで、一定期間以上生存しているクッキーだけを残すフィルタをかけ、それらをもとに対象となるウェブ広告の最適化計算を行う、というアプローチを取った。十億を超えるクッキーから、当初想定していた約二億件前後のユニーククッキーに対する処理に無事切り替えることができ、プロジェクトの当初の目的であった広告のターゲティング精度の改善につながり、多くの収益改善を行うことができた。

（後日談）整備後のきれいなデータだけでは見えないものもたくさんある

対応としてはフィルタによる前処理で片が付いたのであるが、後々調べてみると使い捨てのクッキーが量産される要因として、ネットカフェの存在が浮上した。ネットカフェによってはセキュリティ対策として、前の利用者が使った後にお店側でクッキーを含む情報を一度リセットして、次の利用者に貸し出しをしているとのことであった。ネットカフェを一、二時間利用するたびに新たなクッキーが生成されていたのである。

また、当時はまだ主流ではなかったものの、近年ではプライベートブラウジング機能の付いたブラウザなども開発されており、そのような場合はアクセス元のユーザーエージェント情報を参照し、どの種類のブラウザからアクセスしているか、などを見るのも問題解決のヒントとなりうるだろう。

失敗の原因と対策

今回、重要かつ落とし穴にもなったポイントは、仮説構築のフェーズ（前出2）である。ここで大筋の予測を立てることで、その後の数字の違和感に気が付くことができたのである。データ分析プロジェクトの場合、初期のミスに気が付かないと最後にやり直し、という悲惨な結果が待っていることも多いため、この観点は特に重要だと筆者は考えている。

その上で、今後の対策として以下を述べたい。

●「違和感」を大切にする

集計したのでコードを確認して終わり、ではなく「**違和感」を感じた場合は時間の許す範囲で深掘りすべきである**。そこが**問題発見の出発点**となる。

●業界感のある人に確認する

今回のケースであれば、データエンジニアや、ウェブのアクセスログに詳しい有識者との情報交換、仮説構築につながる様々なステークホルダーへのヒアリングも、早期の問題解決・問題の絞り込み・切り分けに向けた大事な要素だったと思われる。

●データを俯瞰しつつ、個別を眺める

様々な軸での集計と、一つひとつの生データの観察は、どのプロジェクトでも使える重要なテクニックとなる。

●データの発生源についての理解を深める

我々の想定していなかったサービスの利用方法、というものが往々にして存在する（ログイン系のサービスの場合でも、複数アカウントの存在など）。しかし、その裏には利用者やサービス提供者の必要性や意図が存在することがあるため、データの発生源についての理解は、その業界でデータ分析を行う際には重要な観点となる。

●（可能な範囲で）知識を共有する

社内の wiki でもよいので、本書のように外部での情報発信も含め、失敗事例に関するナレッジは可能な範囲でシェアすることが望ましいと筆者は考える。次に同様の課題に取り組む人に向けて落とし穴を回避する方法を伝えることで、本来注力すべきサービスの改善などのタスクに、より多くの時間を費やすことができる。

CASE 24

最終報告が終わってから集計の仕様が決まる

大手EC企業Z社を顧客としている広告代理店A社から、調査会社B社に対し、「EC業界全体のコロナ禍前後の動向の理由を把握したい」という調査の依頼があり、プロジェクトがスタートした。A社が調査を依頼した理由は、Z社に対する提案の背景情報として調査結果を活用したいというものである。なお、A社は同時並行で調査会社C社に対してもこの調査プロジェクトの一部テーマを依頼しているが、B社とC社間での関わりはなく、A社が各社とやりとりをしている。エンドクライアントであるZ社も、このプロジェクトには関わっていない。本稿では、広告代理店A社と調査会社B社間の調査プロジェクトにおける、提案段階から納品までの進行に関する失敗事例と学びをB社からの視点で紹介する。

主なステークホルダー

調査会社B社が調査を受注しており、クライアントは広告代理店A社、エンドクライアン

プロジェクトの概観

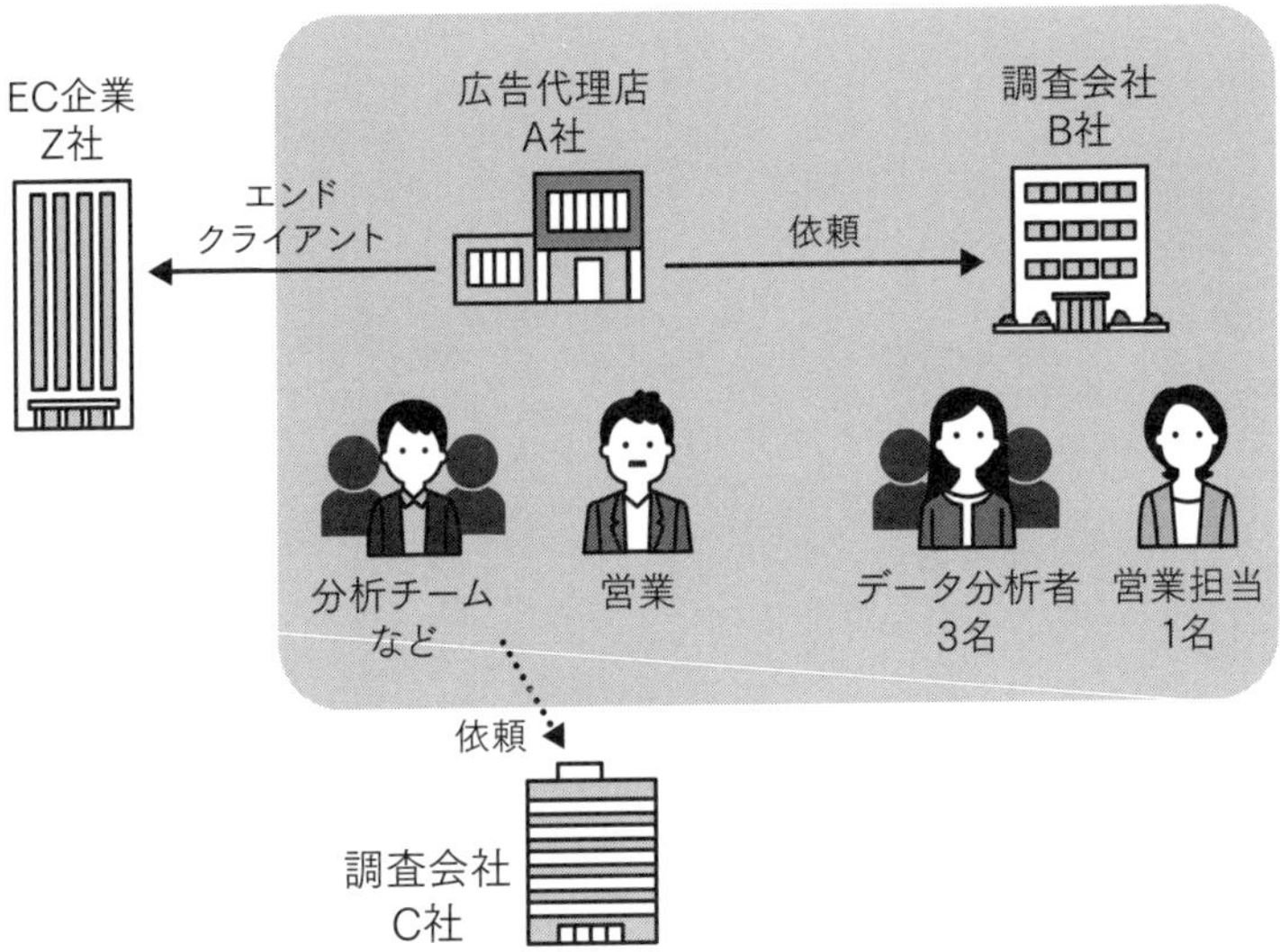

トは大手EC企業Z社である。クライアントであるA社の担当者は、メインの広告営業担当者と、データ分析チームなどからも数名参加している。

A社とB社は、もともと付き合いがあり、関係性を深めて仕事を一緒にしていきたいというB社の思いがある。また、A社のメイン担当者は、EC企業を担当することが初めてであり、調査経験もない。

提案段階

B社の担当者は、当初、コロナ禍に入ってからECを利用するようになった人についてユーザー像を明らかにしたい、ということが大きなテーマと聞き、提案できるアイデアを考えていた。ところが、A社との打ち合わせを重ねていくうちに、ECサイト全体および各ECサイトについて利用が増えたのか減ったのか、およびその増減はどういう属性の人によるものなのか、というボリュームの把握を求めているという話に変化した。この段階で、A社は裏でB社だけではなく、調査会社C社にも同プロジェクトの一部テーマを別途依頼したらしく、C社への依頼内容に合わせて要望が変化していった（A社が、一社ではなくB社とC社の二社に声をかけている理由は明確にはわからないが、各社の調査の特徴を考えたときに、テーマ別に適している会社を選んだものと考えられる）。また、次の打ち合わせでは、当初想定していたエンドクライアントのZ社のみをターゲットにするのではなく、他のEC企業に対しても活用できる調査にしたいという話になった。他にもプラン提案中に、A社内での計画や優先度、並行している他の調査の事情が変化し、この目的で調査するという話になかなか落ち着かなかった。

費用としても、C社での並行調査分を加味して、B社は当初聞いていた規模よりは抑えられた予算の提案が求められた。いくつかの費用と内容のパターンでプランを提示したが、提示している途中でも、追加でやりたい内容が送られてきており、練り直しが続いていた。そのさなか、「調査の実行日が間近であり、〇〇円での実施で大丈夫ですか？」との連絡があり、時間がないこともあって、一旦そちらで進めましょうという話になった。

分析および報告会

A社からの要望は、B社が当初見積もった費用のプランとして提示していた内容よりも増えていたが、B社として、クライアントが実施したい内容を達成することを念頭に、可能な範囲で対応しようという方針で進行した。結果、対象とするテーマが二つから四つに増えた。また、その都度細かくディスカッションしながら進めたいという要望もあり、一ヶ月半ほどのプロジェクト期間で通常は二回ほど開催する報告会を、四回ほどに増やして実施していく想定で進めた。

B社はテーマが四つある中で、一回目の報告会では、二つのテーマについてラフにデータを出し報告をした。そうしたところ、「ECサイト全体および各ECサイトについて利用が増えたのか減ったのか」という大枠のテーマについて、予期せず、調査対象者の詳細や数値の出し方などの前提部分にA社からのチェックが多く入った。データ部分や見せ方の部分で多数の確認や指摘が入り、調査から得られる示唆についてはディスカッションの時間をほとんど取ることができなかった。どういったデータを用い、どういう指標で評価をするのかということは提案に入れていたため共通認識だと思ってしまっていたが、複数の提案がある中で前提となる共通認識が持てていなかったことがわかった。

二回目以降の報告会でも、前回追加されたテーマ分のデータを出したものの、再度確認と指摘が入り、修正作業に追われるということを繰り返し、最後の報告会を迎えた。なんとか各テーマで結果を出し、疑問があればその後はメールなどで確認するという話になった。

報告会後

最終報告の後、A社から対象者の条件を変更したいという連絡をもらった。「ECサイトの利用者」の定義について、一回サイトを利用しただけでは意識せずに利用した可能性もあり、閾値を決めて報告してほしいという話になった。この話の背景には、同時並行して実施していたC社の調査の結果と、今回B社が出した結果が合わないため、揃えたいという要望があった。そもそも、異なるデータソースを用いて異なる方法で定義されており、揃える必要性はないが、エンドクライアントZ社への説明を考えると、なるべく合わせたいとのことであった。データセットとしては対応できる形で保有しており、できない内容ではなかったため、かなり上流工程から集計をやり直す形であらためて分析を行った。その後、追加の打ち合わせや、電話、メールなどの連絡が続き、定義の決定に対しては根拠も出しつつ内容を固めていった。

最終的に、B社としては要望に応える形でなんとかA社に最低限満足してもらえたと思われる（報告会では全体を通して暗いムードにはならず、今回の定義でモニタリングもしていきたいとのコメントももらった)。ただ、A社の終始変化する要望に対応することで精一杯となり、ビジネス課題を踏まえて調査をリードするような動きはできず、報告としても、結果はあるが、それに対する考察や示唆については考察し切れない部分があった。

失敗の原因と対策

本件の失敗は、受注額に対して見合わない工数がかかってしまい、分析内容としても要望に応えて幅広くデータを報告したおかげで、A社からは一定の満足を得られたものの、ビジネス課題に沿った深い示唆を与えるには至らなかった点である。

失敗の原因と対策として、左記が挙げられる。

●先方のやりたいことと提案のスコープを明確にできていない状態での受注

【要因・状況】

・提案段階で先方のやりたいことが二転三転しており、そのたびに提案を大きく修正して提示するということが複数回発生していた。

・当初のクライアントA社からの提示予算がかなり高く、会社としてお付き合いを増やしたい部分もあり、提案を拒まずに続けてしまった。

・A社内で締め切りが近いと連絡があり、調査における目的とスコープが不明確なままに金額だけが決まり受注してしまった。

【対策】

・ふわっとしている状態で案件を受けない。**断る勇気も大事**。

・受けるなら、提案書が乱立している状態のままにせず、最低限今回の調査で行う範囲について、最終版をこちらから提示すべきだった。試行錯誤が必要であったり、未確定の条件があったりすることで、プロジェクト開始前に具体的な作業内容が定められないような場合であっても、「プロジェクト中のディスカッションを通じて、テーマや集計方法についての修正を最大二回まで行う」といったように、何らかの方法で作業を定義しておくことによって、先方の期待値をある程度制御できたはずである。少なくとも今回のケースでは、当初の予定にない作業をB社が持ち出して行っていることが、クライアントA社に伝わった可能性は高い。

●ステークホルダーに対する理解不足

【要因・状況】

・B社の分析担当者が、提案の途中段階からプロジェクトに参加し、A社の業務内容や調査リテラシーについてきちんと把握できないまま進行してしまった。勝手に調査慣れしているように思ってしまっており、細かい用語や集計方法の説明を資料や報告時に入れていなかった。

【対策】

・ステークホルダーの理解（ミッション、関心事、調査経験、業務担当経験など）は人単位で意識しておく（会社や部署が同じでもいろんな人がいる）。特に、途中参加のプロジェクトでは認識が抜けがちである。価値の高い調査を実施するためには、調査目的だけに限定せず、**なぜその調査をしたいのか？**というビジネス上またはその人自身のミッションを意識する必要がある。

●一回目の報告会の立て付けの失敗

【要因・状況】

・一回目の報告会の際、中間報告だからよいだろうと思い、目的への示唆というより、一旦出したデータの羅列のような資料にしてしまった。

【対策】

・先に述べたように、提案のスコープが不明確な状態であったため、この段階では結果の報告というより、調査設計を明確にすべきだった。

・A社での状況が激しく変化していたため、それにできるだけ合わせてデータを出そうと思っていたが、A社担当者自身もどう進めるか迷っていた様子であったことから（それに早く気づければよかったが）、こちらで目的の整理や進め方のリードができれば理想的であった。

●雲行きが怪しいときに踏ん張って方向修正するためのリソースの欠如

【要因・状況】

B社の分析担当者は報告会のたびに修正作業に追われ、最終報告の後も再集計を行うなど、クライアントの要望をこなすことに専念し、クライアントの要望の整理や、誘導する交渉を行えなかった。実はB社メンバーは、他に複数の案件を抱えており、時間をかけてクライアントと交渉する余力がない状態であった。

【対策】

ある程度は回避が難しい部分があるが、プロジェクト序盤で行う調査の作業設計については優先度高くリソースを割り当て、野放図に走りながら考えるという進め方をするのではなく、設計時点での不確実性に合わせた抽象度でよいので作業の枠を定義し、多忙な中でもプロジェクトの方向修正に関する交渉をしやすくなるように準備するべきであった。

CASE 25

機械学習モジュールの寿命

ヤクオフ！やメルカリのようなインターネット上の個人間売買プラットフォームでは、悪意を持って取引を行い、お金を騙し取る犯罪行為が残念ながら絶えない。各社にはカスタマーサービス部門が存在し、そのような犯罪行為が行われていないか日々チェックを行っている。しかし、犯罪行為は年々複雑化・巧妙化しており、多くの取引が行われていることからも、人力でそれらをすべて検知することは不可能である。

そしてこのような犯罪行為に対しては、わずかな兆候を掴み取り、取引が完了する前に未然に検知・対策を行いたい。いくら犯罪が複雑化・巧妙化していっても、通常の取引と比べて、犯罪の兆候はわずかだが確実に存在し、ある種類の犯罪行為が発覚すれば、その犯罪行為と同様の犯罪行為はすべて同じ兆候を持つと考えられる。

EC企業A社では、ある犯罪行為が明らかになった際に、その犯罪行為を機械学習で発見し未然に対処するためのスペシャルチームが結成された。そのプロジェクトではユーザーのデータや取引のデータを特徴量とし、異常検知手法を用いることによって同様の犯罪を検知するという方針が決定された。分析結果の検討を毎日行うことにより、異常検知モデルは劇的に改善し、その正当性が確認された。そしてMLOpsチームの協力により、スペシャルチーム立ち上げからわずか一ヶ月で、犯罪行為を未然に検出する機械学習モジュールが本番環境で稼働するまでになった。

成功後の失敗？

しかし稼働開始から三ヶ月後、その機械学習モジュールは停止・削除された。未然に防いだ犯罪行為のサンプルデータが十分に溜まり、そこから犯罪行為を検知する単純なルールが明らかになったため、機械学習モジュールではなく、ルールで検知することになったからである。機械学習モジュール担当者として、寂しいという気持ちは否定できない。

機械学習モジュール停止は失敗か

しかし、これは必ずしも悪いことではない。システムはできる限りシンプルであるべきなので、より単純な処理で同様のことが実現できるならば、複雑な実装を捨ててでも単純な処理を採用すべきである。また、この機械学習モジュールの担当はカスタマーサービス部門であり、機械学習という中身をあまり理解できないものをメンテナンスし続けるよりは、自分たちだけで確実に管理できるルール検出を採用するというのも、理解できる。

一般的に、機械学習は長期的に運用することを想定しており、その間も結果の監視や、定期的な再学習が必要である。しかし、実装担当者が異動や退職で対応できなくなる事態は十分に想定される。そこで、設計書・仕様書・手順書などを詳細に記して通常時の対応、異常時・エラー発生時の対応を全員と共有するか、ＭＬＯｐｓチームでシステムとしてそれらを担保するか等の対策が必要である。

これらの運用維持にもコストがかかるので、不要になった機械学習モジュールは、勇気をもって停止・削除すべきである。停止・削除は、実は、機械学習モジュールの意義が理解され、要不要を正しく判断された喜ばしい事態である。そのためには、その要不要を判断できるだけの仕様、どのような目的で作成され、どのようなデータを用い、どのような予測結果を返すかが、判断を行うマネージャー層・経営層にも共有されていなければならない。

ということで、一部失敗に見えるかもしれないが、一から十まで成功した事例であった。

絶対に失敗しないデータ分析

本書の目的は、データ分析での「失敗例」を集めることです。しかし、執筆者陣で集まったとき、「そもそも、分析を外部で請け負っていると失敗ってできませんよね」という話題で盛り上がりました。

実際、分析サービスを提供する会社にとって、分析の失敗は、ともすれば契約不履行や損害賠償にもつながりかねない厄介なことです。そこで分析者は「失敗しないデータ分析」を心がけるのですが、実はそれがすでに「失敗」なのではないか？というのがそのときの議論の中心でした。

データを分析するとはどういうことなのか。分析の成功／失敗とはどういうことなのか。社外のリソースや社内の別部署など、自分以外の誰かに分析業務を依頼しようとする際に、気に留めてほしいことについてのお話です。

なぜデータを分析するのか

そもそも、なぜデータを分析したいと思うのでしょうか。

企業活動の様々な場においては、データ分析の目的は一つ――課題を解決するためです。社会全体から企業単位、部署単位、個人の活動など、粒度は様々ですが、何らかのビジネスにおける課題があって、それを解決するためにデータを集め、観察し、分析して、意思決定をします。

売上を伸ばしたい、コストを削減したいといったビジネスにおける課題の多くは、実はすでに答えが見えています。過去の経験に裏付けられた経営者の勘によって、即座に、次々に意思決定することができます。優れた経営者は常日頃から様々なデータを収集し、それらを自分の頭の中で整理・分析しています。実験もします。コンピューターやＡＩなどを使わなくても、常にデータ分析と意思決定をし続けています。

一方で、一人の意思決定者が把握できる情報の範囲は有限です。そこで昔から、組織は情報の収集、分析、意思決定を階層化することで対応してきました。さらに、２０００年代以降はコンピューターの発達によるデータ量の爆発的な増加と、それらを取り扱うためのインフラの急速な発達により、分析を専門家に依頼するという選択肢が増えました。つまり、昨今よく耳にするデータサイエンスやデータ分析と呼ばれる仕事は、従来は組織やその階層構造の中で意思決定者が当たり前に行ってきたデータ収集、分析、意思決定という一連の活動のうち、一部を専門家に切り出した仕事、言い換えれば、本来意思決定者がすべき経験を外部リソースに肩代わりしてもらうためにできた仕事だ、ということになります。

データ分析は失敗する

データ分析は、ビジネスパーソンが日頃から行っている意思決定のプロセスの中にある様々な仮説を検証する営みの一つですから、仮説が肯定されること、否定されること、肯定も否定もされないことが、その結果として起こりえます。

こうであってほしいと願った仮説が肯定されないことをもって「失敗」と定義するならば、データ分析は当たり前のように「失敗」もすることになります。特に、ビジネス課題における仮説は相手（顧客や競合他社、社内外のステークホルダーなど）の存在することであり、相手もまた流動的に様々な意思決定を行っていますから、１００％肯定される仮説を設定することなどできません。自分自身が意思決定をすることを考えたとき、立てた仮説の１００％が肯定され、ビジネスに有意な結論が出るのか、と尋ねられてＹＥＳと答える人は稀だと思います。

しかし、ＰｏＣとしてデータ分析を発注したものの、期待通りの結果にならないと、「分析が間違っている」「分析者の力不足だ」と言い始め、クレームをつけたり、訴訟をちらつかせたりするクライアントは残念ながら少なくありません。なので、受注する側としてはなんとしてもデータ分析の勝率を上げたいと考えるようになります。

では、データ分析に限らず、データ分析の勝率を１００％に近づけようとするならば、どうすればよいのか。データ分析に限らず、ビジネスにおける意思決定で勝率を１００％にするにはどうするのか、というと、答えは、勝てる勝負しかしないことです。成功することがわかっているチャレンジしかしなければ、必ず成功します。データ分析も同じです。データ分析で１００％「成功」させる秘訣は、成功する分析しかやらないこと、答えのわかっている分析しかやらないことです。

しかし、それは著しく価値が希薄なデータ分析となります。なぜなら、わからないからデータを分析するのであって、わかっているなら分析などしなくてよいからです。Quick Winとして勝率の高いテーマが選ばれることは、ＰＲとしての効果を期待している側面もありますが、データ分析にかけたコストと、そこから得られた成果が釣り合わないのであれば、ビジネス上の活動としては「失敗」といえます。

誠実な分析者にとって避けたいデータ分析依頼

データ分析を依頼する場合、それなりのコストをかけるわけですから、失敗はできません。しかし、何をもって失敗／成功とするのか、その方向性を分析者としっかり議論することが大切です。

一番効率が悪いのは、分析において「儲かる」「売上が増える」「コストが下がる」などの具体的な数値目標がターゲットにされているものです。分析の段階がすでに終了しており、その結果に応じて施策を推し進めるフェーズならそういうこともあると思いますが、分析とは、わからないことをわかるようにする行為です。ＰＤＣＡで言えばPlanとCheckの段階で行われるものであり、DoやActionの段階で行われるものではありません。

具体的な数値目標があり、それを必ず達成しなければならず、そのために分析を行う、という案件が舞い込んできたときは、おそらく多くの、分析とはなにかを知っている分析者ならば敬遠するでしょう。あるいは、何らかの手段で設定された指標を恣意的に操作できるならば依頼を受けるかもしれませんが、これはそもそも目標設定の問題を単に悪用しているだけで、ビジネスとして本来達成したかったことからは乖離してしまいます。

分析は、わからないことがあるから分析するのであって、確かめたいことの結果がすでにわかっているなら、そこに分析者の仕事はありません。分析者は、分析の遂行という結果は約束しますが、ビジネス上で立てた目標の達成は、目標を掲げ遂行する人物やチームに責任があります。

似たケースで、具体的な数値目標ではないにしても、仮説を必ず肯定しなければならない分析、つまり、結果ありきの分析というのがあります。このような依頼も誠実な分析者からは避けられます。どうしてもと言われた場合には、仮説を検証できてから引き受けるという技を使います。つまり、引き受ける前にデータを預かるなどして仮説を検証してしまい、肯定できることがわかってから引き受けるのです。このような依頼は意外に多いです。おそらく、会社組織というのがこういう依頼を生みやすくしているのでしょう。依頼者側の担当者は分析におけるリスクを理解しているのですが、リスクがあると言ってしまうと組織の稟議が通らないので仕方なく、結果が確実に出るようにしてほしいと依頼します。分析者側にとっては、仮説が肯定できない場合のリスクを自分が引き受けることにもなりますので、その分のコストがかさみます。このような案件は引き受けた段階で、やるべきことの八割ほどは完了しており、あとは体裁を整えるだけになっていることが多いです。

データ分析を依頼する際に気を付けること

分析者を最も有効に使える依頼方法は、分析者に結果のリスクを背負わせないことです。

期待を伝え、分析遂行の責任は負わせるが、分析結果のリスクは依頼者側が引き取ることで、結果を確定させる手堅い作業に分析者を追い込むのではなく、失敗を恐れずにより大きな仮説、大きな目標に向かって分析者を駆り立てることができます。完全に手を離してしまうと無関係なところに飛んでいってしまう可能性があるので、定期的な会議で方向を修正しつつ、理想や期待を伝え続け、分析者に最も効果的な働きをさせましょう。分析者は失敗するリスクを負わなくてよいので、リスク分に相当する隠れたコストも発生しません。

分析結果を受け取る依頼者側も、受け取り方に工夫が必要です。ビジネス課題を解決するために立てる仮説には様々な確信度があります。確信はあるのでエビデンスだけが欲しいというレベルのものもあれば、全くわからないから調べたいというレベルのものまで様々です。仮説が肯定されればもちろん、否定されたとしても、わからなかったことがわかるようになったという意味では前進ですし、肯定も否定もされなかったとしても、その分析プロセス自体や、仮説から派生して判明することなども含め、何らかの情報が得られるはずです。分析の成果を仮説の肯定／否定、もしくは、その結果として利益が得られたかどうかだけに限定してしまうと、そのプロセスによって得られたはずのたくさんの情報を棄ててしまうことになります。結果だけ受け取って終わりではなく、実際に分析した人だけが見た世界を様々な形で時間をかけて吸収した方がよいでしょう。分析レポートなど、形のあるものを提出させることにも意味はありますが、きれいなレポートには収まりきらない様々な試行と失敗、データの不備や困難、想像したモデルと現実との違いなど、簡潔に表現できない事象があるはずです。本当ならば自分がしたかった経験を、自分以外のリソースに肩代わりしてもらったのですから、それらをぜひ最大限引き出しましょう。

依頼する側が期待する結果を分析者に求め、その結果だけを得るプロジェクトは、表面的には「成功」したように見えて、実は「失敗」しています。データ分析は結果に至るプロセスに有益な情報が詰まっています。

失敗しないデータ分析

「失敗しない」データ分析とは、結果を約束させることでも、分析者に責任を負わせることでも、ましてやそれを契約書で縛ることでもありません。

データ分析での成功とは、依頼者が分析者の経験を自分のものにすることです。本来自分がするべきだった、したかった分析を分析者が代わりにやってくれたのですから、その経験を十分に吸収することが、データ分析で「失敗」しない唯一の方法です。結論がどうであれ、それなりのコストと時間をかけて取り組んだのですから、分析者は様々な経験をしているはずです。それを報告書などの形にしてもらい、明示化できない部分はヒアリングなどで聞き出しましょう。そしてできれば、以降もコミュニケーションを取り、様々な相談をして日頃からの信頼関係を築き、自分の問題意識を常に伝えてください。そうすれば、次の機会には自分の問題意識をより理解し、あたかも自分がその場で考えているかのように分析してくれるはずです。

おわりに

二十件超に及ぶデータ活用の失敗事例、読者の皆様はどのような感想をお持ちだろうか。そんな失敗が実際にありうるのか、と驚かれた方もいると思う。しかし、今回紹介した事例はフィクションではあるものの、もととなった失敗の経緯や陥った事態は、誇張のない、実際に発生したものである。あるいは、読者の中には共感を覚えたり、今参画しているプロジェクトの現状を思い返して胃を痛くされた方もいるのではないかと思う。ぜひそのような場合は本書を紹介して、どのような失敗に進もうとしているのかをチーム全体で認識するのにご活用いただきたい。

今回、成功事例を集めて、データの活用を成功させる秘訣として紹介しなかったことには大きく二つの理由がある。一つは、いわゆる勝ちパターンは賞味期限が短いためである。分析に用いられるデータやアルゴリズム、ハードウェアはかつてない速度で発展しており、同様に、ビジネスを取り巻く環境も激しく変化し続けている。このような状況下では、データをどのように活用するべきかもすぐに変化してしまうため、成功事例に学んだことを実行に移す頃には、すでに通用しなくなっている可能性が高い。もう一つの理由は、成功の秘訣よりも致命的な失敗の要因を見つける方が容易だからである。データの活用における成功は、実行者や周辺の環境など様々な要因のバランスの上に成り立つのに対し、失敗は致命的な要因が存在するだけで発生してしまう。これは、万能薬を開発するのは困難だが、毒薬を開発するのは比較的容易であることと同じであり、まずは毒薬を飲まないようにしようというのが本書の狙いである。

編者の記憶では、現在行われているようなデータ分析が日本のビジネスにおいて本格的に広がり出したのは、もともとは生産現場で使われていた「見える化」というキーワードがビジネスで使われ出した2000年代中盤ごろである。その後、『その数学が戦略を決める』（イアン・エアーズ著、文藝春秋、2010）や『分析力を武器とする企業』（トーマス・H・ダベンポート著、日経BP、2008）といった、ビジネスの意思決定におけるデータ活用の重要性を説く書籍が翻訳され、書店のビジネス書コーナーに陳列されるようになり、「ビッグデータ」「データサイエンティスト」といった用語が世間を賑わせるようになったと認識している。つまり、データの活用がビジネスの重要な関心事として扱われ始めてから、およそ二十年近い年月が経過したことになる。

今回、本書ではその二十年の蓄積の一部を失敗事例として再構築し、紹介させていただいた。ぜひ読者の皆様には、ご自身の視点からこれらの事例を解釈し、一緒に仕事に取り組む仲間とデータの活用について議論するきっかけとしていただければ幸いである。

最後に編者から、本書で紹介した失敗事例や自身の経験を踏まえ、失敗を避けるために欠かせない心得を二点紹介したいと思う。

失敗を避けるための心得①：課題を蔑ろにしない

マーケティングの世界で古くから言われている言葉に、「ドリルを買いに来た人が欲しいのは、ドリルではなく穴である」というものがある。ドリル蒐集家を除けば一般の小売店でドリルを買い求める人は、ドリルそのものではなくドリルを使って開けられる穴を求めているのだ、という意味である。もし顧客がドリルを欲していると考えれば、より売上を伸ばすためには、機能性やデザイン性、価格といった要素を何とかして良いものにしようと努力するだろう。しかし、顧客は穴が欲しいのだと認識していれば、ドリルのレンタルサービスや職人がきれいに穴をあける出張サービスなど、取れる選択肢の幅を広げることができる。そして多くの場合、顧客のより深いニーズを理解した上で、それに応えるように設計された商品が、より多くの顧客の賛同を得ることができる。

データの活用においても同様に、何のニーズに応えようとしているのか、つまり**解こうとする課題を正確に、深く掘り下げて認識する**ことは、他の何を差し置いても重要なことである。プロジェクトを立ち上げるということは、何かしらの課題を解決するということであるが、なぜその課題を解決するか、具体的に何を解決するのかを掘り下げ、どんな質問に対しても理由を説明できる水準にまで考え尽くされていなければ、プロジェクトの進行中に場当たり的に想定の甘さを補わざるを得なくなり、期待とは違う場所に辿り着くか、そもそも辿り着いても仕方がない場所をゴールとして一生懸命走り出してしまう。

データの活用は様々なところで応用できるが、課題を解決するのに最適な手段になるとは限らない。むしろ、データを分析するよりも、業務プロセスを変更したり、新しく実験を行ったりする方が効果的で、しかも早く安く問題が解決することが少なくない。また、分析を行うにしても、最先端の手法を使わなくとも、ごく単純な手法で課題を解決できるのであれば、技術的に面白みに欠けていようが、最適なコストで目標を達成できるのだから、ビジネス的にはその方が望ましい。分析者だけでなく、時折プロジェクトをリードする依頼者ですら、あまりに簡単な方法で問題が解決してしまうと拍子抜けしてしまい、不満や不安を感じることもあるが、基本的に「**データ分析は、それ単体では価値を生まない**」ということはデータの活用に携わるすべての人が肝に銘じておくべきである。

少なくとも「ＡＩでなにかしたい」「機械学習で売上を上げる」といった方法論を先に固

定し、具体性に欠けた題目からプロジェクトを開始することは絶対にしてはならない。もしそのような段階でプロジェクトを始めようとしているのであれば、まず具体的に何の課題を解こうとしていて、その解決はステークホルダーにとって何が喜ばしいのか、またそれがどのように受け入れられるのかを整理することから始めるべきである。

失敗を避けるための心得②：お互いの専門性から逃げない

分析の方法論を理解するためには数式や数学的な概念を理解しないといけないため、数学に苦手意識を持つ人の中には、最初からすべての理解を諦めて、分析の技術的な話に入ると、何となくすべてを分析者に任せてしまう人は少なくない。一方、分析者も、実際どのような活動の中で得られたデータを使って、何をしようとしているのか、なぜデータを活用しようとしているのか、といったビジネス的な背景を調査したり定義したりするのは依頼者の仕事として立ち入ろうとしない人も多くいる。

分析業務を外注する際は顕著だが、社内メンバーだけのプロジェクトであっても、それぞれの立場を守り、仕事を完遂する意識を持つためには、責任を明確化することは重要である。しかし、ビジネス的に実現すべきことの選択と、技術的に実装するべき機能の選択は、相互に密接に関係しており、それぞれプロジェクトの進行とともに新しい情報が加わるため、完全に分業できるものではない。

レコメンドエンジンを作ることを例に挙げると、分析者にとっては、データがどのような背景を持っていて今後どのように変化していきそうなのか、レコメンドを受け取るユーザにどのような体験を提供しようとしているのか、どの期間でどの程度の成果を実現するべきなのか、といった情報は、技術的に何を作るのかの選択において重要な判断材料となる。同様に、ビジネス側に立つ依頼者にとっては、出力されるレコメンドの精度や特徴はどのようなものか、どのくらいの間隔でシステムの更新が必要なのか、新たなデータの追加やレコメンドの性質を変更したい場合、どのくらい時間と費用がかかるのかといった技術的な情報をできるだけ正確に理解することは、プロジェクトを通じて解くべき課題を正しく設定する上で不可欠な情報である。また、相互に専門性を理解しておくことで、互いに解くべき課題と解決方法にミスマッチがないかを監視し合うことができる。

定型化された流れ作業のようなデータの活用を除けば、**コミュニケーションコストを惜しんで分業による効率化を目指してはならない**。プロジェクトの最初の時点で立てた想定が、実行に移す際に生じる詳細な部分まで正確であることは少なく、プロジェクトメンバーが意識的または無意識的に「きっとこういうことだろう」と少しずつ補完していくうちに、期待していた意図とは齟齬が生じてしまうからである。

先ほどのレコメンドエンジンの例でいえば、売上を上げるためにレコメンドエンジンを開発する、と決めたとしても、来訪者がすぐに購買に至る商品を提示して短期的に売上を伸ばすやり方と、来訪者がこれまで知らなかった別カテゴリーで興味を持つ商品を提示して、来訪者の売場の認識を広げ、より多くの種類の商品を購入させることで長期的に売上を伸ばすやり方が考えられる。分析者と依頼者が「顧客の購買意欲を刺激するレコメンドエンジンを作る」という言葉で意思疎通ができていると考えていたとしても、現実にはこのように詳細なレベルでは異なる目的を想定していることがありうる。もし認識の齟齬が生じているまま分業してしまえば、このボタンのかけ違いに気づくのはレコメンドエンジンが出来上がった終盤、あるいはローンチ後になってしまう。

同床異夢を避けるためには、責任の所在は明確にしつつも、同じ目的の達成を目指す仲間として互いの専門性を交換し、具体的なレベルでのコミュニケーションを通じて互いの仕事を理解することで、できるだけ**プロジェクト内部の透明性を高めるべき**である。むしろ、データの活用をビジネスの成功に重要なものだと捉えるのであれば、多少の労力をかけてでも専門性を交換することで、将来のデータの活用をより効果的、効率的に行うことができるようになるため、できうる限り投資を惜しむべきではない。

現実のデータ活用においては失敗に至る理由は無数にあり、しかも絶えず変化し続けているため、失敗することなしにデータの活用を行うことは困難である。だからこそ、失敗の情報を捨てずに集め、掘り下げて分析し、何を避けるべきかを知るということは、重要な活動の一つである。ぜひ本書の読者の皆様には、失敗という貴重なデータを捨てたり、隠したりすることなく、積極的に活用するように心がけていただきたい。

変化の激しい環境においては、いかに優れた戦略を見出すかより、どうすれば優れた戦略を見出し続けられるか、といったメタ的な戦略が重要となる。近年、データの活用に熱心に取り組もうとしている多くの組織が置かれている環境はまさしくこのような環境であり、今回紹介した心得は、このメタ的な戦略を構成する一部といえる。日々の業務に追われているとなかなか目が向きにくいが、重要なことなので折を見てこのメタ的な戦略について議論することをお勧めする。

データの活用が進めば進むほど、人々はデータからでは決めることのできない、人間が解くべき本質的な問いに専念することができるはずである。そしてそれは、データによってものごとが決められる不自由な世界ではなく、むしろ人々が自身の意思で問いに対する答えを決めていく自由な世界であるはずだ、と編者は信じている。本書が、少しでも人々から不要な意思決定の苦労を取り除き、社会が人々の意思を実現する場となるための一助となれば幸いである。

謝辞

本書の作成にあたり、数多くの方々にお世話になったことを記しておきたい。執筆者の方々には、実務家として過密なスケジュールの間を縫って寄稿していただいた。本書の性質から氏名を公開していない数多くの方からも、寄稿や体験談の共有という形でご協力をいただいた。本書は、世の中の不幸なデータ活用に対する憤りや、実社会においてデータの活用が意義あるものになってほしいという願いが込められた一冊になったと感じている。また、本書の企画のきっかけとなり、寄稿だけでなく的確なアドバイスやサポートを下さったデータサイエンティストの高柳慎一氏、リアリティのあるストーリーでありながらどのデータ活用においても欠かすことのできない重要な視点を示して下さったDJ Annie氏、本を作るという初めての経験の前に右往左往している私を忍耐強く導いて下さった共立出版株式会社の山内千尋氏、菅沼正裕氏には改めて心からお礼申し上げる。最後に、執筆中に体調を崩した際には支え、叱咤激励をしてくれた家族、様々な新しい視座を与えてくれた友人たちに感謝する。

編者を代表して

尾花山和哉

〈著者紹介〉

伊藤徹郎（いとう　てつろう）
Classi 株式会社開発本部 本部長／データ AI 部部長。徳島大学デザイン型 AI 教育研究センター 客員准教授。
大学卒業後，大手金融関連企業にて営業，データベースマーケティングに従事。その後，コンサル・事業会社の双方の立場で，さまざまなデータ分析やサービスグロースに携わる。現在は，国内最大級の学習支援プラットフォームを提供する EdTech 企業「Classi（クラッシー）」の開発本部長とデータ AI 部部長を兼任し，エンジニア組織を統括している。著書に『データサイエンティスト養成読本 ビジネス活用編』（共著，技術評論社，2018），『AI・データ分析プロジェクトのすべて』（共著，技術評論社，2020），『実践的データ基盤への処方箋』（共著，技術評論社，2021）など

江川智啓（えがわ　ともひろ）

大城信晃（おおしろ　のぶあき）
NOB DATA 株式会社 代表取締役。データサイエンティスト協会九州支部 委員長。
沖縄県出身。2017 年より東京から福岡に拠点を移し，地方のデータサイエンス活性化のための各種支援を展開中。著書に『AI・データ分析プロジェクトのすべて』（監修・共著，技術評論社，2020），他 2 冊

川島彩貴（かわしま　さき）
株式会社ヴァリューズ所属。
自動車，人材，不動産，保険など多様な業界を担当。データ分析業務を中心に，課題や要件の整理から調査の実施，施策への提案に加え，データ活用基盤の構築や整備など，継続的なデータ活用の支援を行う。

輿石拓真（こしいし　たくま）
株式会社ヴァリューズ所属。
食品，日用品，自動車など多様な業界においてWEB 行動ログデータとアンケートを用いた調査／分析を実施。R 言語が好き。翻訳書に『Rによるインタラクティブビジュアライゼーション』（共訳，共立出版，2022）

新川裕也（しんかわ　ゆうや）
株式会社 DeeL 代表取締役・データサイエンティスト。
1987 年 1 月生まれ，香川県出身。久留米大学大学院医学研究科修了。TRIAL や LINE Fukuoka などを経て独立。MENSA 会員。趣味はクルージング。

竹久真也（たけひさ　しんや）
株式会社ヴァリューズ所属。
日用品メーカー，求人メディア，マンションデベロッパー，自動車メディアをはじめ，多様な業界についてのマーケティングリサーチを経験，課題の発見，調査案の策定，分析の実施から施策の改善提案まで幅広いコンサルティング業務に従事。

丸山哲太郎（まるやま　てつたろう）
株式会社テクノフェイス 取締役・データサイエンティスト。
大学院修了後，大規模ストレージの研究開発に従事。その後 Data Scientist になるべく転身し，データパイプラインおよびデータベース構築・機械学習モデル作成・データ分析およびコンサルといった，データに関する上流工程から下流工程まで一通りを経験する。2020 年より札幌に移住。好きなサッカーチームは川崎フロンターレ。

簑田高志（みのだ　たかし）
外資系 IT ソフトウェア会社に勤務。業務に利用する際に実装を支援するカスタマーサクセス領域を担当。これまでのキャリアは外資系 ITサービス会社の Business Analyst，また，インターネットサービス会社のデータアナリスト・データサイエンティストとして業務に長く従事。

その他，数名のデータサイエンティストからの寄稿による

〈編著者紹介〉

尾花山和哉（おばなやま　かずや）

大学では生体分子機能工学を専攻。外資系コンサルティング会社では，主に製造・流通業のクライアントに対して戦略・ビジョン策定の支援やデータ分析プロジェクトへの参画に携わる。ベンチャー企業では，新規事業開発・運営や技術研究に従事。現在は，新技術の社会実装をテーマに，組織論やサービスデザインの観点も交えた課題解決やアドバイザリー，講演を生業としている。趣味は Science。

株式会社ホクソエム

マーケティング・製造業・医療等の事業領域において，受託研究，分析顧問，執筆活動を展開。修士・博士号取得者である各メンバーが AI・データサイエンス領域にケイパビリティを持ち，アカデミアとの共同研究も行っている。『前処理大全』（監修，技術評論社，2018），『機械学習のための特徴量エンジニアリング』（翻訳，オライリー・ジャパン，2019），『効果検証入門』（監修，技術評論社，2020），『施策デザインのための機械学習入門』（監修，技術評論社，2021），『評価指標入門』（監修，技術評論社，2023）など執筆・翻訳・監修多数。

会社ホームページ：https://hoxo-m.com

能管（能の笛）を探しています。家族・親戚・知人に蔵をお持ちの方，ご紹介ください：ichikawadaisuke@gmail.com

データ分析失敗事例集 —失敗から学び、成功を手にする—

Data Analytics Nightmare

2023年 8 月 5 日　初版 1 刷発行

編　者　尾花山和哉・株式会社ホクソエム　©2023

発行者　南條光章

発行所　**共立出版株式会社**

［URL］　www.kyoritsu-pub.co.jp

〒112-0006 東京都文京区小日向4-6-19　電話 03-3947-2511（代表）

振替口座　00110-2-57035

印　刷
製　本　藤原印刷

printed in Japan

検印廃止

NDC　336.17

ISBN 978-4-320-12567-4

一般社団法人
自然科学書協会
会員